局部边缘模式及其应用

王　瑜　著

科　学　出　版　社

北　京

内 容 简 介

纹理信息是图像的重要特征之一，而局部纹理模式是一类重要且有效的纹理特征提取方法，可以广泛应用于图像识别与分类、目标跟踪、图像检索等实际工程任务，具有重要的科学意义和实用价值。本书重点研究局部纹理模式，并在此基础上，提出一系列算法。

本书可供从事纹理分析和图像处理的科研人员参考，也可供高等院校相关专业的高年级本科生和研究生学习。

图书在版编目（CIP）数据

局部边缘模式及其应用/王瑜著. —北京：科学出版社，2020.9
ISBN 978-7-03-065820-3

Ⅰ.①局… Ⅱ.①王… Ⅲ.①图像处理－研究 Ⅳ.①TP391.413

中国版本图书馆 CIP 数据核字 (2020) 第 145781 号

责任编辑：王 哲 / 责任校对：杨 然
责任印制：吴兆东 / 封面设计：迷底书装

科 学 出 版 社 出版
北京东黄城根北街 16 号
邮政编码：100717
http://www.sciencep.com

固安县铭成印刷有限公司 印刷
科学出版社发行　各地新华书店经销
*

2020 年 9 月第 一 版　开本：720×1 000　B5
2021 年 3 月第二次印刷　印张：7　插页：3
字数：163 000

定价：99.00 元

（如有印装质量问题，我社负责调换）

前　言

近年来，纹理分析已成为图像处理和模式识别领域中的热门研究方向，在目标跟踪或识别、遥感、基于相似性的图像检索等领域显示出重要作用，具有广阔的应用前景。

由于纹理信息是图像的重要特征之一，所以快速、准确、完整地抓取纹理特征是纹理分析的重要研究内容，目前纹理分析的方法众多，而局部纹理模式是其中一类经典且有效的方法，本书在认真分析传统局部纹理模式的基础上，设计出灵活多变的新的局部纹理模式或框架体系，并在此基础上，结合小波变换、分块、阈值细分、融合策略等思想，将其应用于相似性纹理分类和绿色植物物种识别等实际任务。

纹理分析是一种非常有前景的科学技术之一，相关研究成果不仅对我国刑侦学、生物学、生态学、地质学、化学等先进技术的快速发展具有重要意义，而且很多方法和技术可以应用于生态环境监控、食品监控、地质勘探、材料分析及刑事侦查等领域，因此对于图像处理和计算机视觉等科学领域的发展也具有重要的参考和借鉴价值。

本书的部分研究工作得到了国家自然科学基金"融合结构和功能磁共振成像的阿尔茨海默型痴呆辅助鉴别关键技术研究"（61671028）和北京市自然科学基金"免于释文解释的精细图像分类新方法研究"（4162018）的资助，在此表示感谢。

由于作者水平有限，书中难免存在一些不妥之处，恳请广大读者批评指正。

作　者

2020 年 7 月

目　　录

彩图

第 1 章　基于完整局部二值模式旋转不变量
和 Zernike 矩的相似纹理分类

在很多纹理分析的实际应用中，训练样本和测试样本图像通常不是从相同视角捕获，不具有一致或相近的方向，这给纹理分析带来很多负面影响，导致近年来，越来越多的研究学者开始关注不变属性纹理分析。局部二值模式（local binary pattern，LBP）方法简单、有效，且具有旋转不变属性的特点，因此被广泛应用于纹理分类。本章提出一种完整的局部二值模式分类体系（integrated LBP，ILBP），包括原始旋转不变局部二值模式、改进的对比度旋转不变局部二值模式和方向旋转不变局部二值模式三部分，该方法能够有效地克服传统 LBP 方法丢失对比度和方向信息等缺陷。此外，传统 LBP 方法只能提取局部特征，不能提取纹理图像的全局形状特征，并存在缺乏空间表达的缺陷，而 Zernike 矩能够提取全局形状特征，同时具有正交和旋转不变属性，且能够快速计算到任意高阶，因此，在改进的完整局部二值模式分类体系基础上，融合了 Zernike 矩特征，获得更加完备的纹理信息表示。实验结果显示，对于纹理分类任务，本章提出方法利用提取旋转不变纹理特征的方式，显著优于其他方法。

1.1　研　究　背　景

纹理分析是图像处理和模式识别领域中非常具有吸引力的研究内容之一，在目标跟踪或识别、遥感、基于相似性的图像检索等领域具有重要作用[1-4]。Guo 等[5]总结了纹理分析的四大主要问题，分别为基于纹理内容的图像分类、同质纹理区域的图像分割、图形学应用的纹理合成和来自于纹理暗示的形状信息获取。

由于多相性、光照变化和纹理表观的可变性等原因，分析真实世界现存的纹理是非常困难的。早期阶段，研究人员主要使用统计学特征分类纹理图像，Haralick 等[6]最先提出使用共生统计描述纹理特征，Manjunath 和 Ma [7]提出的 Gabor 滤波方法是目前纹理分析的优秀方法，尽管这些方法获得了很好的表现，但是它们通常需要一些明确的或者隐含的假设，即训练样本和测试样本具有相同或相近的方向，或者取自于相同视角[8]。然而在很多实际应用中，并不能满足这些假设条件，而根据实际经验，常常发生这样的情况，即无论纹理图像怎么旋转，从人类视觉角度出发，这些纹理图像总是能够被准确地分类，可见不变性纹理分析在理论研究和实际应用中均具有重要意义。

越来越多的研究人员开始关注不变性纹理分析，Zhang 和 Tan[8]对此进行了综述，在这些方法中，Kashyap 和 Khotanzad[9]首次利用循环自回归模型研究旋转不变纹理分类，该方法的参数对于图像旋转是恒定的。Choe 和 Kashyap[10]提出自回归分形差分模型控制旋转不变参数。隐马尔可夫模型[11]也被用来探索旋转不变纹理分类。此外，小波分析同样是一种优秀的获得旋转不变纹理特征的工具，Jafari-Khouzani 和 Soltanian-Zadeh[12]提出包含纹理方向信息的小波能量特征，用来分类纹理图像。一种二维 Gabor 小波极坐标分析形式[13]被用来推导旋转不变纹理特征。Varma 和 Zisserman[14,15]提出基于统计学习的方法，首先使用训练集构建一个旋转不变纹理基元数据库，然后测试图像根据其纹理分布进行分类。Crosier 和 Griffin[16]使用基本图像特征(basic image features，BIF)进行纹理分类，并获得了不错的分类结果。另外，分形分析[17]和仿射自适应[18]方法也被用于一些尺度和仿射不变性纹理分类等工作。

Harwood 等[19]提出的局部二值模式(LBP)方法，其高效和旋转不变属性得到广泛认可，后来被 Ojala 等[20]引入公共领域，很多研究人员在此基础上进行了改进。例如，Zhao 等[21]、Maani 等[22]和 Ahonen 等[23]分别使用频域分析方法改进了 LBP 方法。Maenpaa[24]指出，纹理被认为是以一种包含模式和模式强度两种正交属性为特点的二维现象，并且这两种度量方式具有相互补充的作用。然而，原始 LBP 方法除了忽视方向信息外，还忽视了模式强度信息。Guo 等[5]提出一种自适应 LBP 方法，包括纹理的方向统计信息，用于旋转不变纹理分类。受这些工作启发，本章提出融合原始旋转不变 LBP、改进的对比度旋转不变 LBP 和方向旋转不变 LBP，称为完整 LBP 体系(ILBP)，表示图像的纹理信息，如图 1.1 中虚线方框内容所示，该方法有效克服了传统 LBP 方法丢失对比度和方向信息的本质缺陷。

尽管 LBP 描述子能够获得优秀的表现，但是该方法仅仅描述了纹理图像局部区域灰度级的差异，缺乏全局的形状和空间表示。此外，与砖或沙等具有均匀一致统计特征的同质纹理相比，像云或花等非同质纹理，不能使用常用于同质纹理的传统算法提取鲁棒的纹理特征[25]。当使用 LBP 方法提取纹理特征时，弥补纹理图像丢失的全局形状和空间信息是非常重要的，而 Zernike 矩是一种非常有效的选择。

矩和矩函数能被用来进行特征提取，捕获图像的全局信息，并已成功应用于图像识别[26]、图像检索[25]等很多实际任务。Zernike 矩基于正交多项式理论推导得到，Khotanzad 和 Hong[26]指出，Zernike 矩属于正交矩，在信息冗余和图像表示方面优于其他类型的矩。与其他正交矩相比，Zernike 矩具有旋转不变属性，计算简单、快速，可以计算到任意高阶矩等优点。

在上述方法启发下，本章提出一种旋转不变量纹理分类方法，融合 ILBP 旋转不变量特征和 Zernike 矩旋转不变量特征，使用这两种特征分别描述纹理图像的局部信息和全局信息，利用 CUReT 数据库[27]、Outex 数据库[28]和 KTH-TIPS[29]数据库，充分证明了所提纹理分类方法的可行性和有效性，使用有效的融合策略可以获得更加优秀的表现。本章所提方法的框架图如图 1.1 实线框所示。

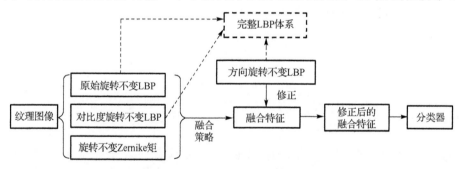

图 1.1　本章所提方法框架图

1.2　原始 LBP 纹理模型

1.2.1　基本 LBP 纹理模型

Ojala 等[20]使用 LBP 作为图像的纹理描述子，该描述子由中心像素和近邻点组成，如图 1.2 所示，将中心像素作为纹理基元的阈值，LBP 码表示为

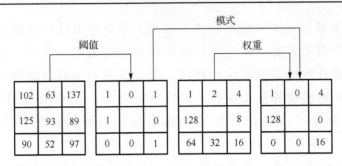

模式：10101001
LBP = 1 + 4 + 16 + 128 = 149

图 1.2　LBP 实例

$$LBP(x_c, y_c) = \sum_{p=0}^{P-1} s(g_p - g_c) 2^P \qquad (1.1)$$

其中，$s(x)$ 是符号函数，$s(x) = \begin{cases} 1, & x \geq 0 \\ 0, & x < 0 \end{cases}$，$(x_c, y_c)$ 是中心像素的位置，g_c 是中心像素，g_p 是近邻像素，P 是近邻的个数。

利用统计图像允许位置处 LBP 码出现的频次，纹理直方图谱 $S[h]$ $(h = 0, 1, \cdots, 2^P)$ 可以利用下式获得：

$$S[h] = \frac{\displaystyle\sum_{x_c=0}^{u-1} \sum_{y_c=0}^{v-1} f(x_c, y_c)}{u \times v} \qquad (1.2)$$

其中，$f(x_c, y_c) = \begin{cases} 1, & LBP(x_c, y_c) = h \\ 0, & 其他 \end{cases}$，$u \times v$ 表示图像的尺寸。

随后，Ojala 等[1]将方形 LBP 改进为一种具有任意半径 R 和近邻 P 的圆形形式，假设中心像素 g_c 的坐标为 (x_c, y_c)，那么近邻点 g_p 的坐标是 $(x_c + R\cos(2\pi i / P)$，$y_c - R\sin(2\pi i / P))$。没有落在图像栅格上的近邻点像素值使用插值方法计算得到，中心像素和近邻点的相对位置如图 1.3 所示。

1.2.2　均匀一致性的 LBP

上述 LBP 方法存在一个隐含的问题，当近邻数增加时，直方图维度会急剧增加。例如，如果 $P=16$，那么直方图维度是 $2^{16} = 65536$。因此纹理谱将非常长，特征缺乏紧致性，以至于实际应用中耗费存储空间，效率低下，影响分类结果。

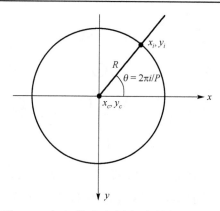

图 1.3　中心像素和近邻点的相对位置

LBP 码中，空间转换（比特位 0/1 变换）的个数可用下式计算：

$$U(\text{LBP}_{P,R}) = \left| s(g_P - g_c) - s(g_1 - g_c) \right| + \sum_{i=2}^{P} \left| s(g_i - g_c) - s(g_{i-1} - g_c) \right| \qquad (1.3)$$

当 $U(\text{LBP}_{P,R}) \leqslant 2$ 时，LBP 模式定义为具有均匀一致性的 LBP 模式，记为 $\text{LBP}_{P,R}^{\text{u2}}$，根据均匀一致性 LBP 模式的定义，可以很容易得知，该种模式共 $P(P-1)+2$ 种判别模式[1]，使用均匀一致性 LBP 模式提取特征，直方图谱特征能被大幅度降维，且通过实验和观察发现，均匀一致性 LBP 是纹理的基本属性，占据了纹理图像中的大部分模式种类，有时甚至超过 90%。

此外，通过观察发现，无论如何旋转 LBP，它的结构是不变的，这意味着原始 LBP 和旋转后得到的 LBP 具有相同近邻排序和比特位 0/1 的翻转变化，如图 1.4 所示，为了获得旋转不变纹理描述，Ojala 等[1]给出如下定义：

$$\text{LBP}_{P,R}^{\text{ri}} = \min\{\text{ROR}(\text{LBP}_{P,R}, p)\}, \qquad p = 0, \cdots, P-1 \qquad (1.4)$$

其中，ri 表示旋转不变，$\text{ROR}(x, p)$ 表示 LBP 码 x 绕中心像素旋转 p 次，也就是说，使用最小十进制数值对应的 LBP 码表示属于同一族的其他 LBP 码，这里同一族的 LBP 指的是，某种 LBP 绕中心像素旋转获得的所有 LBP 模式。图 1.4 显示了属于同一族的一些 LBP 码实例。具有旋转不变性及均匀一致性的 $\text{LBP}_{P,R}^{\text{riu2}}$ 由下式计算：

$$\text{LBP}_{P,R}^{\text{riu2}} = \begin{cases} \displaystyle\sum_{p=0}^{P-1} s(g_p - g_c), & U(\text{LBP}_{P,R}) \leqslant 2 \\ P+1, & \text{其他} \end{cases} \qquad (1.5)$$

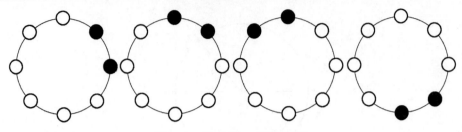

图 1.4　属于同一族的 LBP

其中，riu2 表示旋转不变均匀一致模式，根据定义，很容易得知这种 LBP 共有 $P+2$ 种判别模式。因此纹理谱直方图的维度在均匀一致模式基础上进一步极大缩减，通过统计图像中所有像素位置的 $\mathrm{LBP}_{P,R}^{\mathrm{riu2}}$ 出现的频次，能够获得纹理谱直方图 S_{original}。

1.3　完整 LBP 和 Zernike 矩模型

综上所述，使用 LBP 提取纹理特征时，特别注意了图像的细节信息，但是 LBP 纹理分析的主要缺陷是只能提取图像的局部特征，而 Zernike 矩特征恰好相反，它强调图像的全局和形状信息，但是缺乏细节信息，因此 LBP 和 Zernike 矩在图像的信息描述上具有优势互补性，此外，两种特征均是直方图谱形式，非常容易将它们进行各种方式的融合。

1.3.1　完整的旋转不变 LBP 模型

除原始的旋转不变 LBP，即 $\mathrm{LBP}_{P,R}^{\mathrm{riu2}}$ 以外，本章还提出了其他两种旋转不变模式，分别为对比度旋转不变 LBP，记为 $C\_\mathrm{LBP}_{P,R}^{\mathrm{riu2}}$，以及方向旋转不变 LBP，记为 $O\_\mathrm{LBP}_{P,R}^{\mathrm{ri}}$，这三种旋转不变 LBP 集成为完整的旋转不变 LBP 模型，即 ILBP。

（1）对比度旋转不变 LBP。

尽管旋转不变 $\mathrm{LBP}_{P,R}^{\mathrm{riu2}}$ 能够获得优秀的表现，但是这种 LBP 纹理表示方法只能体现中心像素和近邻点的像素值存在差异，至于差异究竟是多少，$\mathrm{LBP}_{P,R}^{\mathrm{riu2}}$ 并不能给出准确的描述。例如，在两个局部纹理基元中，中心像素都是 50，近邻分别为 {82,90,30,75,124,69,39,104} 和 {79,68,24,82,136,73,45,233}，尽管它们的 LBP 码都是 {1,1,0,1,1,1,0,1}，但是中心像素和近邻的对比度差异分别

为 {32,40,20,25,74,19,11,54} 和 {29,18,26,32,86,23,5,183}，具有很大的差异性。为了补充这些丢失的信息，除原始 $LBP_{P,R}^{riu2}$ 外，增加了对比度旋转不变 LBP，使用 C_p 表示每个纹理基元中心像素和近邻点对比度差异的绝对值，也就是 $C_p = |g_p - g_c|$，C_p 的 LBP 码能够由下式获得：

$$C\_LBP_{P,R}(x_c, y_c) = \sum_{p=0}^{P-1} s(C_p - \mu_C) 2^P \tag{1.6}$$

其中，μ_C 表示每个纹理基元中，中心像素和近邻点之间对比度差异的绝对值 C_p 的均值，$\mu_C = \dfrac{1}{P} \sum_{p=0}^{P-1} C_p$。如果使用式（1.5）相同的处理方法，并应用于 $C\_LBP_{P,R}$，可以获得对比度旋转不变 LBP，记为 $C\_LBP_{P,R}^{riu2}$，通过统计图像中允许像素位置处 $C\_LBP_{P,R}^{riu2}$ 出现的频次，可以获得纹理谱直方图谱 S_C。

（2）方向旋转不变 LBP。

对于随机类纹理图像，如图1.5（a）所示，方向信息并不明显，但是对于具有周期或部分周期性质的纹理图像，如图 1.5（b）所示，方向信息是非常明显的。真实世界中，大部分纹理图像都包含有方向信息，因此在判别特征中，补充方向信息是非常重要的，也是值得尝试的。

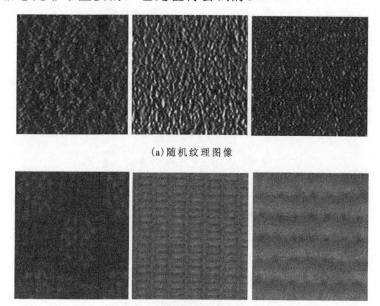

（a）随机纹理图像

（b）周期或部分周期纹理图像

图 1.5　纹理图像实例

在整个纹理图像中，C_p 的均值 μ_{Op} 和方差 σ_{Op} 被用来描述沿方向角度 $2\pi p/P$ 的方向信息，具体公式为

$$\mu_{Op} = \frac{1}{u \times v} \sum_{i=1}^{u} \sum_{j=1}^{v} C_p, \qquad p = 1, \cdots, P \tag{1.7}$$

$$\sigma_{Op} = \sqrt{\frac{1}{u \times v} \sum_{i=1}^{u} \sum_{j=1}^{v} (C_p - \mu_{Op})^2}, \qquad p = 1, \cdots, P \tag{1.8}$$

因此可以获得两个表示方向信息的向量 $\mu_O = [\mu_{O1}, \mu_{O2}, \cdots, \mu_{OP}]$ 和 $\sigma_O = [\sigma_{O1}, \sigma_{O2}, \cdots, \sigma_{OP}]$，图 1.6 分别显示了一幅纹理图像及其旋转90°后图像对应的方向信息 μ_O 和 σ_O。经过观察发现，μ_O 和 σ_O 中包含有很强的方向信息，能被用来修正图像的直方图谱特征，以便挖掘出图像及其旋转后图像中更多的相似性信息。使用 μ_O 和 σ_O 的均值作为阈值，μ_O 和 σ_O 能被分别转变为旋转不变LBP。因此，纹理图像的方向旋转不变信息 $O_\mu\_\mathrm{LBP}_{P,R}^{\mathrm{ri}}$ 和 $O_\sigma\_\mathrm{LBP}_{P,R}^{\mathrm{ri}}$ 可以利用下式计算得到：

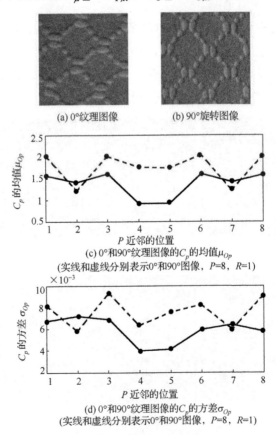

(a) 0°纹理图像　　　　(b) 90°旋转图像

(c) 0°和90°纹理图像的C_p的均值μ_{Op}
(实线和虚线分别表示0°和90°图像，$P=8$，$R=1$)

(d) 0°和90°纹理图像的C_p的方差σ_{Op}
(实线和虚线分别表示0°和90°图像，$P=8$，$R=1$)

图 1.6　图像方向信息

$$O_\mu \_\mathrm{LBP}^{\mathrm{ri}}_{P,R} = \min\left\{\mathrm{ROR}\left(\sum_{p=0}^{P-1} s(\mu_{Op} - \bar{\mu}_{Op})2^P, p\right)\right\} \tag{1.9}$$

$$O_\sigma \_\mathrm{LBP}^{\mathrm{ri}}_{P,R} = \min\left\{\mathrm{ROR}\left(\sum_{p=0}^{P-1} s(\sigma_{Op} - \bar{\sigma}_{Op})2^P, p\right)\right\} \tag{1.10}$$

其中，$\bar{\mu}_{Op} = \dfrac{1}{P}\sum\limits_{p=0}^{P-1}\mu_{Op}$，$\bar{\sigma}_{Op} = \dfrac{1}{P}\sum\limits_{p=0}^{P-1}\sigma_{Op}$，$O_\mu \_\mathrm{LBP}^{\mathrm{ri}}_{P,R}$ 和 $O_\sigma \_\mathrm{LBP}^{\mathrm{ri}}_{P,R}$ 被用来共同表示整幅纹理图像的方向旋转不变 LBP，记为 $O\_\mathrm{LBP}^{\mathrm{ri}}_{P,R}$，并使用其修正图像的直方图谱特征。

1.3.2　旋转不变 Zernike 矩模型

尽管 LBP 作为一种局部特征提取方法，性能和效率都非常优秀，但是它忽略了整幅纹理图像的形状和空间信息。矩特征由于其描述图像的全局和空间形状信息，成为一种有效的补偿方式。普通矩的基础解集并不是正交的，因此本章选择在完整旋转不变 LBP 模式基础上，融合 Zernike 矩旋转不变特征。Zernike[30] 引入一组复杂多项式，可以获得一组落在单位圆（$x^2 + y^2 = 1$）内完备的正交解集，记为 $\{V_{nm}(x,y)\}$，二项式的形式可以描述为

$$V_{nm}(x,y) = V_{nm}(\rho,\theta) = R_{nm}(\rho)\exp(jm\theta) \tag{1.11}$$

其中，n 是正整数或 0，m 是正整数和负整数，且满足 $n - |m|$ 偶数，$|m| \leq n$，ρ 是从原点到坐标位置 (x, y) 处的矢量长度，θ 是向量 ρ 和 x 轴之间沿逆时针方向的夹角，$R_{nm}(\rho)$ 是径向多项式，表示为

$$R_{nm}(\rho) = \sum_{s=0}^{n-|m|/2} (-1)^s \cdot \frac{(n-s)!}{s!\left(\dfrac{n+|m|}{2}-s\right)!\left(\dfrac{n-|m|}{2}-s\right)!}\rho^{n-2s} \tag{1.12}$$

并且，$R_{n,-m}(\rho) = R_{nm}(\rho)$，同时，这些多项式是正交的，并且满足

$$\iint_{x^2+y^2\leq 1} [V_{nm}(x,y)]V_{pq}(x,y)\,\mathrm{d}x\mathrm{d}y = \frac{\pi}{n+1}\delta_{np}\delta_{mq} \tag{1.13}$$

其中，$\delta_{ab} = \begin{cases} 1, & a=b \\ 0, & \text{其他} \end{cases}$，Zernike 矩是图像函数在这些正交基函数上的投影，因

此，对于纹理图像 $f(x, y)$，n 阶 Zernike 矩表示为

$$A_{nm} = \frac{n+1}{\pi} \iint_{x^2+y^2 \leqslant 1} V_{nm}(\rho,\theta) f(x,y) \mathrm{d}x\mathrm{d}y \tag{1.14}$$

对于一幅数字图像，式 (1.14) 可以转变为

$$A_{nm} = \frac{n+1}{\pi} \sum_x \sum_y V_{nm}(\rho,\theta) f(x,y) \ x^2 + y^2 \leqslant 1 \tag{1.15}$$

当计算图像的 Zernike 矩时，图像中心作为坐标原点，像素坐标映射到单位圆内，只统计落在圆内的像素，并且 $A_{nm} = A_{n,-m}$。通过理论证明，Zernike 矩有旋转不变属性，也就是说，如果图像和旋转 θ 后图像的 Zernike 矩分别记为 A_{nm} 和 A'_{nm}，那么，两者有如下关系：

$$A'_{nm} = A_{nm} \exp(-\mathrm{j}m\theta) \tag{1.16}$$

如果图像使用一些简单的方法进行预处理[26]，Zernike 矩也具有平移和尺度不变属性。使用式 (1.15) 可以获得不同阶的 Zernike 矩，由不同阶的 Zernike 矩组成的向量作为直方图谱特征，可以用来描述图像形状和空间信息，具体形式如下：

$$S_Z = [A_{00}, A_{11}, A_{20}, A_{22}, \cdots, A_{nm}] \tag{1.17}$$

1.3.3　融合特征的构建和修正

获得图像的 ILBP 和 Zernike 矩特征后，可以将两者有效融合，并进行修正，最后分类。

(1) 融合特征的构建。

因为 ILBP 和 Zernike 矩特征均是直方图谱形式，所以将这两种特征进行融合非常方便，事实上，有很多种融合策略，包括串联、并联和级联融合等，其中串联方法简单，易实现，能够获得稳定和优秀的表现，具体描述形式如下：

$$F = [S_{\mathrm{original}}, S_C, S_Z] \tag{1.18}$$

其中，F 表示融合后的直方图谱特征。实际上，原始 LBP 旋转不变模式 $\mathrm{LBP}_{P,R}^{riu2}$ 的直方图谱特征 S_{original}、对比度 LBP 旋转不变模式 $C\_\mathrm{LBP}_{P,R}^{riu2}$ 的直方图谱特征 S_C 也能串联融合。

(2)融合特征的修正。

下面介绍使用方向旋转不变量 $O\_LBP_{P,R}^{ri}$(包括 $O_\mu\_LBP_{P,R}^{ri}$ 和 $O_\sigma\_LBP_{P,R}^{ri}$)对融合直方图谱特征 F 进行修正的方法,公式如下:

$$F' = F \cdot (1 + c_1 \cdot \exp(-c_2 \cdot (O_\mu\_LBP_{P,R}^{ri} - \mu(O_\mu)) / \sigma(O_\mu))) \cdot$$
$$(1 + c_1 \cdot \exp(-c_2 \cdot (O_\sigma\_LBP_{P,R}^{ri} - \mu(O_\sigma)) / \sigma(O_\sigma))) \tag{1.19}$$

其中,F' 是修正后的融合直方图谱特征,$\mu(O_\mu)$ 和 $\sigma(O_\mu)$ 分别是所有训练图像的方向旋转不变量 $O_\mu\_LBP_{P,R}^{ri}$ 的均值和方差,$\mu(O_\sigma)$ 和 $\sigma(O_\sigma)$ 分别是所有训练图像的方向旋转不变量 $O_\sigma\_LBP_{P,R}^{ri}$ 的均值和方差,c_1 和 c_2 是正参数,事实上,除融合特征 F 以外,$O\_LBP_{P,R}^{ri}$ 也能修正其他直方图谱特征,例如,原始 LBP 旋转不变模式 $LBP_{P,R}^{riu2}$ 的直方图谱特征 $S_{original}$,对比度 LBP 旋转不变模式 $C\_LBP_{P,R}^{riu2}$ 的直方图谱特征 S_C,甚至旋转不变 Zernike 矩的直方图谱特征 S_Z。

1.3.4   分类器和多尺度融合思想

最近邻是一种有效、简单的分类准则,有很多度量方法可以评估两个直方图谱特征的差异和相似性,例如,对数似然比和卡方统计[1],卡方距离函数由于速度和识别率方面优秀的表现被广泛使用,公式为

$$d(F'_{train}, F'_{test}) = \sum_{i=1}^{N} (F'_{train,i} - F'_{test,i})^2 \left/ (F'_{train,i} + F'_{test,i}) \right. \tag{1.20}$$

其中,d 是训练图像直方图 F'_{train} 与测试图像直方图 F'_{test} 之间的卡方距离,i 为对应的比特位,N 是特征向量比特位的个数。

事实上,多尺度融合思想也能被用来提高分类准确率,即同时使用多种不同 (P, R) 的描述子提取特征,因为不同尺度描述子支持图像的不同结构空间,所以多尺度描述子能捕获更加丰富和完备的纹理信息。

1.4   实验结果与分析

1.4.1   数据库

本章使用三个广泛使用的纹理数据库 CUReT[27]、Outex[28]和 KTH-TIPS[29]

进行实验验证，CUReT 数据库包含 61 类真实世界的纹理，每类纹理在不同视角和光照组合条件下拍摄得到，与 Guo 等[5]使用方法相同，每类视角小于 60° 的 92 幅图像被用来实验，其中 23 幅图像做训练，其余做测试，因此有 1403（$61 \times 23 = 1403$）幅训练图像、4209（$61 \times 69 = 4209$）幅测试图像，这种设计是为了模拟小样本或少数训练样本的情况。

在 Outex 数据库中，每类纹理在 6 种空间分辨率（100、120、300、360、500 和 600 dpi），9 种旋转角度（0°、5°、10°、15°、30°、45°、60°、75°和 90°），3 种光照（"horizon"、"inca" 和 "TL84"）条件下拍摄纹理图像。实验图像包括 46 类帆布、1 类硬纸板、12 类地毯、12 类木片和 17 类墙纸，共 99 类纹理图像。每类图像包含 27 幅图像（3 种光照、9 种角度、600dpi 分辨率），每类中前 9 幅图像（"horizon" 光照、9 种角度，600dpi 分辨率）作为训练图像，共 891（$99 \times 9 = 891$）幅，其余 1782（$99 \times 18 = 1782$）幅作为测试图像。

KTH-TIPS 数据库包含 10 类纹理图像，例如，褶皱的铝箔油、海绵、黑面包等，每类纹理在 9 种尺度、3 种不同光照和 3 种不同位置条件下捕获，因此每类材质包含 81 幅图像，前 21 幅图像用来做训练，即有 210（$10 \times 21 = 210$）幅训练图像，其余 600（$10 \times 60 = 600$）幅图像作为测试图像。

本章比较了所提方法[32]和一些优秀的 LBP 纹理方法的实验结果，包括旋转不变 LBP（$LBP_{P,R}^{riu2}$）方法[1]、方差 LBP（$VAR_{P,R}$）方法[1]、$LBP_{P,R}^{riu2}/VAR_{P,R}$ 方法[1]、自适应 LBP（$ALBPF_{P,R}^{riu2}$）方法[5]和 LBP 直方图傅里叶方法（LBP histogram Fourier，LBPHF）[21]等。此外，对比方法也包括非 LBP 纹理方法，例如，最大响应（maximum response，MR）滤波器组（filter banks）[15]方法，选用 MR4 和 MR8 两种方式，训练图像中，每类有 20 个纹理基元被聚类。实验中，因为 $VAR_{P,R}$ 和 $LBP_{P,R}^{riu2}/VAR_{P,R}$ 计算结果为实数，所以需要量化特征空间，这两种方法量化级设置为 128 比特和 16 比特。所有图像转变为灰度图像，为了去除全局强度和对比度的影响，将每幅纹理图像使用强度均值 128 和方差 20 进行归一化[1]。

1.4.2　均匀一致性 LBP 模式的可行性验证

为了显示使用均匀一致性 LBP 模式 $LBP_{P,R}^{u2}$ 进行降维的有效性，实验中计算了 $LBP_{P,R}^{u2}$ 在图像中出现频次的比例，统计结果如表 1.1 所示，使用图像选自 Outex 数据库。

表 1.1　均匀一致性 LBP 模式 $\text{LBP}_{P,R}^{u2}$ 出现频次的比例（$P=8$，$R=1$）

图像	$\text{LBP}_{P,R}^{u2}$ /%
Canvas 006	87.06
Cardboard 001	81.32
Carpet 005	83.05
Chips 007	87.90
Wallpaper 008	90.52

从表 1.1 可以看出，均匀一致性 LBP 模式在局部二值模式中占据绝大部分，有时甚至超过 90%，因此，使用均匀一致性 LBP 模式对直方图谱进行降维是可行的。

1.4.3　CUReT 数据库实验结果

实验中，比较了 3 种旋转不变 LBP 描述子和旋转不变 Zernike 矩的不同结合方式，"/O" 表示被方向旋转不变 LBP 修正的直方图谱特征，"C" 表示对比度旋转不变 LBP 模式的直方图谱特征，"Z" 表示 Zernike 矩方法获得的直方图谱特征，"_" 表示串联连接 2 种或 3 种直方图谱特征。例如，$\text{LBP}_{P,R}^{riu2}\_C\_Z$ 表示串联连接原始 LBP 旋转不变模式 $\text{LBP}_{P,R}^{riu2}$、对比度 LBP 旋转不变模式 $C\_\text{LBP}_{P,R}^{riu2}$ 和 Zernike 矩旋转不变量 A_{nm}，$\text{LBP}_{P,R}^{riu2}\_C\_Z/O$ 表示使用方向旋转不变模式 $O\_\text{LBP}_{P,R}^{ri}$ 修正融合特征 $\text{LBP}_{P,R}^{riu2}\_C\_Z$，Zernike 矩的阶数分别为 5、8 或 10。VZ_MR4 和 VZ_MR8 分别表示 MR4 和 MR8 两种最大响应滤波组方法。表 1.2 给出了上述不同方法在 CUReT 数据库上的实验结果。

从表 1.2 可以看出，单独使用对比度旋转不变模式 $C\_\text{LBP}_{P,R}^{riu2}$ 的识别率（用 "C" 表示）比原始旋转不变模式 $\text{LBP}_{P,R}^{riu2}$ 差，例如，P 和 R 分别是 (8,1)、(16,2) 和 (24,3) 时，$\text{LBP}_{P,R}^{riu2}$ 识别率分别为 62.25%、64.93% 和 68.33%，然而同种情况下，$C\_\text{LBP}_{P,R}^{riu2}$ 的识别率分别为 52.58%、51.41% 和 50.18%，显示出 $\text{LBP}_{P,R}^{riu2}$ 包含的信息比 $C\_\text{LBP}_{P,R}^{riu2}$ 更加丰富。

包含对比度信息的 $\text{VAR}_{P,R}$ 方法和 $C\_\text{LBP}_{P,R}^{riu2}$ 方法的识别率都随着近邻个数和纹理基元尺寸的增加而降低，证明中心像素和近邻之间差异的可靠性随着纹理基元尺寸的增加而降低，但是，原始旋转不变 LBP 模式 $\text{LBP}_{P,R}^{riu2}$ 的识别率随着近邻个数和纹理基元尺寸的增加而增加。

表 1.2　不同方法识别率

方法		$P=8$，$R=1$			$P=16$，$R=2$			$P=24$，$R=3$		
		识别率/%	特征向量维度	c_1/c_2	识别率/%	特征向量维度	c_1/c_2	识别率/%	特征向量维度	c_1/c_2
$VAR_{P,R}$		45.17	128	—	41.15	128	—	38.92	128	—
$LBP_{P,R}^{riu2}/VAR_{P,R}$		66.48	10/16	—	70.56	10/16	—	71.04	10/16	—
$ALBPF_{P,R}^{riu2}$		69.73	10	—	73.49	18	—	73.63	26	—
LBPHF		68.40	76	—	73.34	276	—	73.91	604	—
VZ_MR4		67.55	1220	—	67.55	1220	—	67.55	1220	—
VZ_MR8		71.25	1220	—	71.25	1220	—	71.25	1220	—
$LBP_{P,R}^{riu2}$		62.25	10	—	64.93	18	—	68.33	26	—
$LBP_{P,R}^{riu2}/O$		62.77	10	0.1/0.15	65.17	18	0.1/0.15	68.64	26	0.1/0.15
C		52.58	10	—	51.41	18	—	50.18	26	—
C/O		53.27	10	0.1/0.15	53.15	18	0.1/0.15	52.27	26	0.1/0.15
$LBP_{P,R}^{riu2}\_C$		67.31	20	—	68.76	36	—	71.20	52	—
$LBP_{P,R}^{riu2}\_C/O$		67.36	20	0.01/0.015	68.76	36	0.01/0.15	71.35	52	0.1/0.15
Z	5	27.54	12	—	27.54	12	—	27.54	12	—
	8	34.33	25		34.33	25		34.33	25	
	10	36.07	36		36.07	36		36.07	36	
Z/O	5	30.39	12	0.1/0.15	32.62	12	0.1/1.5	33.43	12	0.1/1.5
	8	37.06	25		37.80	25		37.99	25	
	10	38.54	36		39.96	36		39.23	36	
$LBP_{P,R}^{riu2}\_C\_Z$	5	74.79	32	—	76.41	48	—	77.19	64	—
	8	75.53	45		76.88	61		77.60	77	
	10	76.36	56		77.22	72		77.86	88	
$LBP_{P,R}^{riu2}\_C\_Z/O$	5	73.27	32	0.01/0.015	76.41	48	0.01/0.015	77.19	64	0.01/0.015
	8	74.48	45		76.93	61		77.62	77	
	10	**76.38**	56		**77.22**	72		**77.86**	88	

在 LBP 相关对比方法中，LBPHF 方法比自适应 LBP 方法获得了更好的结果，而非 LBP 方法中，因为 MR8 方法具有更加丰富的特征表示，所以其结果比 MR4 方法的结果更好。

对于 Zernike 矩特征，识别率随着阶数的增加而增加，原因在于阶数越高，Zernike 矩直方图谱特征包含的细节信息越丰富。方向信息能够提高诸如

LBP、Zernike 矩和融合直方图谱等特征的识别结果。

融合模式能有效提高识别结果，例如，当 $P=8$，$R=1$ 时，单独使用 $LBP_{P,R}^{riu2}$、$C\_LBP_{P,R}^{riu2}$ 和 Zernike 矩（10 阶）的识别结果分别为 62.25%、52.58% 和 36.07%。然而，当使用融合特征 $LBP_{P,R}^{riu2}\_C$ 和 $LBP_{P,R}^{riu2}\_C\_Z$ 时，识别结果分别为 67.31% 和 76.36%。

使用第 1.3.4 节提到的多尺度融合思想，可以获得更好的识别结果，例如，当使用不同半径和不同近邻融合特征 $LBP_{P,R}^{riu2}\_C_{8,1+16,2+24,3}$ 和 $LBP_{P,R}^{riu2}\_C\_Z_{8,1+16,2+24,3}$ 时，分别获得 77.33% 和 81.94% 的识别率。当使用不同半径和相同近邻融合特征 $LBP_{P,R}^{riu2}\_C_{16,1+16,2+16,3}$，以及相同半径和不同近邻特征 $LBP_{P,R}^{riu2}\_C\_Z_{8,2+16,2+24,2}$ 时，分别获得 81.84% 和 78.33% 的识别率。这里，使用 10 阶 Zernike 矩特征，不同尺度融合特征仅简单通过串联不同尺度的直方图谱特征获得，如果使用更多有效的融合策略，能期望获得更好的表现[31]。因为比较方法中，LBPHF 方法获得的识别结果最稳定，所以计算了不同半径和不同近邻融合特征 $LBPHF_{8,1+16,2+24,3}$ 的识别率，为 71.77%。

1.4.4　Outex 数据库实验结果

本节中，所有实验都使用上述相同的方法，结果如表 1.3 所示。因为 Outex 数据库中的图像比 CURet 数据库中的图像大，所以当近邻 P 设为 24，半径 R 设为 3 时，除了 $VAR_{P,R}$ 和 $LBP_{P,R}^{riu2}/VAR_{P,R}$ 方法外，其他方法运行时均显示"内存溢出"，故 $P=24$ 和 $R=3$ 的结果并未在表 1.3 中列出。

表 1.3　不同方法识别率

方法	$P=8$，$R=1$			$P=16$，$R=2$		
	识别率/%	特征向量维度	c_1/c_2	识别率/%	特征向量维度	c_1/c_2
$VAR_{P,R}$	34.68	128	—	43.77	128	—
$LBP_{P,R}^{riu2}/VAR_{P,R}$	38.95	10/16	—	52.86	10/16	—
$ALBPF_{P,R}^{riu2}$	17.00	10	—	30.02	18	—
LBPHF	38.83	76	—	56.29	276	—
VZ_MR4	32.38	1980	—	32.38	1980	—
VZ_MR8	35.97	1980	—	35.97	1980	—
$LBP_{P,R}^{riu2}$	20.71	10	—	31.03	18	—

续表

方法		P=8，R=1			P=16，R=2		
		识别率/%	特征向量维度	c_1/c_2	识别率/%	特征向量维度	c_1/c_2
$\mathrm{LBP}^{\mathrm{riu2}}_{P,R}/O$		21.10	10	0.1/0.15	31.43	18	0.1/0.15
C		16.55	10	—	15.38	18	—
C/O		17.12	10	0.1/0.15	16.33	18	0.01/0.015
$\mathrm{LBP}^{\mathrm{riu2}}_{P,R}\_C$		23.34	20	—	32.72	36	—
$\mathrm{LBP}^{\mathrm{riu2}}_{P,R}\_C/O$		24.97	20	0.1/0.15	33.56	36	0.1/0.15
Z	5	86.20	12		86.20	12	
	8	92.93	25	—	92.93	25	—
	10	94.33	36		94.33	36	
Z/O	5	86.20	12		86.14	12	
	8	92.93	25	0.1/0.015	92.93	25	0.1/0.015
	10	94.39	36		94.33	36	
$\mathrm{LBP}^{\mathrm{riu2}}_{P,R}\_C\_Z$	5	58.02	32		61.73	48	
	8	66.95	45	—	67.79	61	—
	10	69.58	56		71.16	72	
$\mathrm{LBP}^{\mathrm{riu2}}_{P,R}\_C\_Z/O$	5	58.24	32	0.1/0.15	61.73	48	
	8	67.06	45	0.1/0.015	67.85	61	0.01/0.015
	10	**69.58**	56		**71.16**	72	

从表 1.3 可以看出，$\mathrm{LBP}^{\mathrm{riu2}}_{P,R}$ 的结果要优于 $C\_\mathrm{LBP}^{\mathrm{riu2}}_{P,R}$ 的结果。$\mathrm{LBP}^{\mathrm{riu2}}_{P,R}$ 的识别率随着近邻数和纹理基元尺寸的增加而提高，然而 $C\_\mathrm{LBP}^{\mathrm{riu2}}_{P,R}$ 的识别率恰好相反，即随着近邻数和纹理基元尺寸的增加而降低。

对于 Zernike 矩方法，识别率随着阶数的增加而提高，变化趋势与 CUReT 数据库相同。此外，根据结果发现，Zernike 矩方法表现优秀，一方面是因为 Outex 数据库中的图像强调了角度变化，另一方面 Zernike 矩特征具有旋转不变属性，能够很好地描述图像的形状和空间信息，因此非常适用于不同旋转角度下的图像识别和分类。因为 Zernike 矩能够充分挖掘图像的方向信息，所以，方向旋转不变 LBP 模式很难再影响原始 Zernike 矩特征直方图，进一步提高识别率。

融合方法可以显著提高识别结果，例如，当 P 和 R 分别为 16 和 2 时，$\mathrm{LBP}^{\mathrm{riu2}}_{P,R}$ 和 $C\_\mathrm{LBP}^{\mathrm{riu2}}_{P,R}$ 分别获得了 31.03% 和 15.38% 的识别率，但是融合特征 $\mathrm{LBP}^{\mathrm{riu2}}_{P,R}\_C$

和 $LBP_{P,R}^{riu2}\_C\_Z$ 分别获得 32.72%和 71.16%的识别率，这里，Zernike 矩使用 10 阶参数计算。然而，有时融合结果会比单独使用 Zernike 矩方法结果差，从信号处理角度不难解释这种现象，当两个信号质量差异过于巨大，相对差的信号会像噪声一样干扰相对质量好的信号，因此融合结果不会提升，反而会变差。故融合特征 $LBP_{P,R}^{riu2}\_C\_Z$ 的识别结果比单独使用 Zernike 矩方法要差，但是却优于单独使用纹理特征，例如，$LBP_{P,R}^{riu2}$ 或对比度 LBP 模式方法，甚至优于融合特征 $LBP_{P,R}^{riu2}\_C$。

Outex 数据库中，也尝试使用了多尺度融合方法，并获得了优秀的结果。例如，当不同半径和不同近邻融合特征 $LBP_{P,R}^{riu2}\_C\_Z_{8,1+16,2}$、不同半径和相同近邻融合特征 $LBP_{P,R}^{riu2}\_C\_Z_{16,1+16,2}$，以及相同半径和不同近邻融合特征 $LBP_{P,R}^{riu2}\_C\_Z_{8,2+16,2}$ 被使用时，识别率分别为 72.17%、68.86%和 74.41%，这里 Zernike 矩使用 10 阶参数计算。此外，计算了 LBPHF 方法不同半径，不同近邻融合特征 $LBPHF_{8,1+16,2}$ 的识别率，为 56.73%。

1.4.5　KTH-TIPS 数据库实验结果

本节中，所有实验使用上述相同方法进行，识别结果如表 1.4 所示。

表 1.4　不同方法识别率

方法	$P=8$，$R=1$			$P=16$，$R=2$			$P=24$，$R=3$		
	识别率/%	特征向量维度	c_1/c_2	识别率/%	特征向量维度	c_1/c_2	识别率/%	特征向量维度	c_1/c_2
$VAR_{P,R}$	34.50	128	—	30.83	128	—	38.50	128	—
$LBP_{P,R}^{riu2}/VAR_{P,R}$	41.17	10/16	—	42.32	10/16	—	47.17	10/16	—
$ALBP_{P,R}^{riu2}$	53.33	10	—	45.00	18	—	44.67	26	—
LBPHF	60.67	76	—	53.50	276	—	51.83	604	—
VZ_MR4	45.50	200	—	45.50	200	—	45.50	200	—
VZ_MR8	49.00	200	—	49.00	200	—	49.00	200	—
$LBP_{P,R}^{riu2}$	48.50	10	—	42.50	18	—	44.83	26	—
$LBP_{P,R}^{riu2}/O$	49.33	10	0.01/0.015	43.17	18	0.1/0.015	45.50	26	0.1/0.15
C	49.83	10	—	41.83	18	—	44.17	26	—
C/O	50.17	10	0.1/0.15	42.17	18	0.01/0.015	47.67	26	0.1/0.15
$LBP_{P,R}^{riu2}\_C$	57.67	20	—	51.5	36	—	50.27	52	—

续表

方法		$P=8$，$R=1$			$P=16$，$R=2$			$P=24$，$R=3$		
		识别率/%	特征向量维度	c_1/c_2	识别率/%	特征向量维度	c_1/c_2	识别率/%	特征向量维度	c_1/c_2
$\text{LBP}_{P,R}^{\text{riu2}}\_C/O$		58.17	20	0.01/0.015	51.83	36	0.01/0.15	50.85	52	0.1/0.15
Z	5	19.00	12	—	19.00	12	—	19.00	12	—
	8	17.33	25		17.33	25		17.33	25	
	10	19.50	36		19.50	36		19.50	36	
Z/O	5	20.67	12	0.1/0.15	20.67	12	0.1/0.15	20.67	12	0.1/0.15
	8	23.33	25		23.33	25		23.33	25	
	10	25.33	36		25.33	36		25.33	36	
$\text{LBP}_{P,R}^{\text{riu2}}\_C\_Z$	5	62.00	32	—	55.33	48	—	52.83	64	—
	8	62.17	45		55.17	61		53.17	77	
	10	62.50	56		55.50	72		53.17	88	
$\text{LBP}_{P,R}^{\text{riu2}}\_C\_Z/O$	5	62.17	32	0.01/0.015	55.33	48	0.01/0.015	53.00	64	0.01/0.015
	8	62.33	45		**56.17**	61		53.50	77	
	10	**62.50**	56		56.00	72		**53.67**	88	

从表 1.4 可看出，由于大部分结果与 CURet 和 Outex 数据库相似，这里只给出了一些不同的现象。$\text{ALBPF}_{P,R}^{\text{riu2}}$ 和 LBPHF 方法的识别率随着近邻和纹理基元尺寸的增加而降低。同 CURet 和 Outex 数据库的结果相比，对比度信息的作用非常明显，有时甚至优于 $\text{LBP}_{P,R}^{\text{riu2}}$ 的结果，这也许是因为 KTH-TIPS 数据库中的图像尺度变化过于剧烈。

此外，多尺度方法能进一步提高识别结果，例如，当使用不同半径和不同近邻融合特征 $\text{LBP}_{P,R}^{\text{riu2}}\_C\_Z_{8,1+16,2+24,3}$、不同半径和相同近邻融合特征 $\text{LBP}_{P,R}^{\text{riu2}}\_C\_Z_{16,1+16,2+16,3}$，以及相同半径和不同近邻融合特征 $\text{LBP}_{P,R}^{\text{riu2}}\_C\_Z_{8,2+16,2+24,2}$ 时，识别率分别为 64.50%、62.33% 和 63.83%。这里 Zernike 矩使用 10 阶参数计算，此外，计算了 LBPHF 方法不同半径和不同近邻融合特征 $\text{LBPHF}_{8,1+16,2+24,3}$ 的识别率，为 55.83%。

总之，本章提出了一种更加准确、稳定和鲁棒的纹理分类方法，并与 $\text{LBP}_{P,R}^{\text{riu2}}$，$\text{VAR}_{P,R}$、$\text{LBP}_{P,R}^{\text{riu2}}/\text{VAR}_{P,R}$、$\text{ALBPF}_{P,R}^{\text{riu2}}$、LBPHF 和 MR 方法进行了比较，尽管使用 Outex 数据库做实验时，单独使用 Zernike 矩特征获得了非常

优秀的结果，但是同提出方法相比，使用 CUReT 和 KTH-TIPS 数据库做实验时，Zernike 矩方法的实验结果并不理想，也不稳定，此外，多尺度融合思想也能进一步显著提高识别结果。

1.5　本章小结

LBP 方法由于简单、有效和旋转不变属性成为了一种非常优秀的纹理分类工具，然而，因为其忽视了对比度和方向信息，同时缺乏全局纹理图像的形状和空间表达，减弱了其性能，为了有效地弥补丢失的信息，本章在原始 LBP 旋转不变模式基础上，增加了对比度旋转不变 LBP 模式和方向旋转不变 LBP 模式的纹理特征，称为完整 LBP 旋转不变模式体系。此外，因为 Zernike 矩可以有效描述全局图像的形状和空间信息，具有正交和旋转不变属性，以及能简单、快速地计算到任意高阶矩等优点，所以将其融入 ILBP 纹理特征，共同表示图像信息。在大规模数据库 CUReT、Outex 和 KTH-TIPS 上的实验结果显示，与其他经典 LBP 纹理方法和非 LBP 纹理方法相比，本章所提方法能够获得更好的表现，同时，多尺度融合思想能够进一步显著提高识别结果。

参 考 文 献

[1] Ojala T, Pietikainen M, Maenpaa T. Multiresolution gray-scale and rotation invariant texture classification with local binary patterns. IEEE Transactions on Pattern Analysis and Machine Intelligence, 2002, 24(7): 971-987.

[2] Zhang L, Zou B, Zhang J, et al. Classification of polarimetric SAR image based on support vector machine using multiple-component scattering model and texture features. EURASIP Journal on Advances in Signal Processing, 2010, (1): 1-10.

[3] Sajn L, Kononenko I. Multiresolution image parametrization for improving texture classification. EURASIP Journal on Advances in Signal Processing, 2008, (1): 1-12.

[4] Wang Y, He D J, Yu C C, et al. Multimodal biometrics approach using face and ear recognition to overcome adverse effects of pose changes. Journal of Electronic Imaging, 2012, 21(4): 1-11.

[5] Guo Z, Zhang L, Zhang D, et al. Hierarchical multiscale LBP for face and palmprint recognition//The 17th IEEE International Conference on Image Processing, HongKong, 2010.

[6] Haralick R M, Shanmugam K, Dinstein I. Textural features for image classification. IEEE Transactions on Systems Man and Cybernetics, 1973, 3(6): 610-621.

[7] Manjunath B S, Ma W Y. Texture features for browsing and retrieval of image data. IEEE Transactions on Pattern Analysis and Machine Intelligence, 1996, 18(8): 837-842.

[8] Zhang J G, Tan T N. Brief review of invariant texture analysis methods. Pattern Recognition, 2002, 35(3): 735-747.

[9] Kashyap R L, Khotanzad A. A model-based method for rotation invariant texture classification. IEEE Transactions on Pattern Analysis and Machine Intelligence, 1986, 8(4): 472-481.

[10] Choe Y, Kashyap R L. 3-D shape from a shaded and textural surface image. IEEE Transactions on Pattern Analysis and Machine Intelligence, 1991, 13(9): 907-919.

[11] Wu W R, Wei S C. Rotation and gray-scale transform-invariant texture classification using spiral resampling, subband decomposition, and hidden Markov model. IEEE Transactions on Image Processing, 2002, 5(10): 1423-1434.

[12] Jafari-Khouzani K, Soltanian-Zadeh H. Radon transform orientation estimation for rotation invariant texture analysis. IEEE Transactions on Pattern Analysis and Machine Intelligence, 2005, 27(6): 1004-1008.

[13] Haley G M, Manjunath B S. Rotation-invariant texture classification using a complete space-frequency model. IEEE Transactions on Image Processing, 2002, 8(2): 255-269.

[14] Varma M, Zisserman A. Estimating illumination direction from textured images//IEEE Computer Society Conference on Computer Vision and Pattern Recognition, Washington, 2004.

[15] Varma M, Zisserman A. A statistical approach to texture classification from single images. International Journal of Computer Vision, 2005, 62(1-2): 61-81.

[16] Crosier M, Griffin L D. Using basic image features for texture classification. International Journal of Computer Vision, 2010, 88(3): 447-460.

[17] Xu Y, Ji H, Fermuller C. Viewpoint invariant texture description using fractal analysis. International Journal of Computer Vision, 2009, 83(1): 85-100.

[18] Lazebnik S, Schmid C, Ponce J. A sparse texture representation using local affine regions. IEEE Transactions on Pattern Analysis and Machine Intelligence, 2005, 27(8): 1265-1278.

[19] Harwood D, Ojala T, Pietikäinen M, et al. Texture classification by center-symmetric auto-correlation, using Kullback discrimination of distributions. Pattern Recognition Letters, 1995, 16(1): 1-10.

[20] Ojala T, Pietikainen M, Harwood D. A comparative study of texture measures with classification based on featured distributions. Pattern Recognition Society, 1996, 29(1): 51-59.

[21] Zhao G, Ahonen T, Matas J, et al. Rotation-invariant image and video description with local binary pattern features. IEEE Transactions on Image Processing, 2012, 21: 1465-1477.

[22] Maani R, Kalra S, Yang Y H. Rotation invariant local frequency descriptors for texture classification. IEEE Transactions on Image Processing, 2013, 22(6): 2409-2419.

[23] Ahonen T, Matas J, He C, et al. Rotation Invariant Image Description with Local Binary Pattern Histogram Fourier Features//Image Analysis. Berlin: Springer, 2009.

[24] Maenpaa T. The local binary pattern approach to texture analysis-extensions and applications. Oulu: University of Oulu, 2003.

[25] Kim C Y, Kwon O J, Choi S. A practical system for detecting obscene videos. IEEE Transactions on Consumer Electronics, 2011, 57(2): 646-650.

[26] Khotanzad A, Hong Y H. Invariant image recognition by Zernike moments. IEEE Transactions on Pattern Analysis and Machine Intelligence, 1990, 12(5): 489-497.

[27] Ginneken B V, Koenderink J J. Texture histograms as a function of irradiation and viewing direction. International Journal of Computer Vision, 1999, 31(2-3): 169-184.

[28] Ojala T, Maenpaa T, Pietikainen M, et al. Outex: new framework for empirical evaluation of texture analysis algorithms//International Conference on Pattern Recognition, Quebec, 2002.

[29] Caputo B, Hayman E, Fritz M, et al. Classifying materials in the real world. Image and Vision Computing, 2010, 28(1): 150-163.

[30] Zernike F. Beugungstheorie des schneidenver-fahrens und seiner verbesserten form, der phasenkontrastmethode. Physica, 1934, 1: 689-704.

[31] Woods K, Jr W P K, Bowyer K. Combination of multiple classifiers using local accuracy estimates. IEEE Transactions on Pattern Analysis and Machine Intelligence, 1997, 19(4): 405-410.

[32] Wang Y, Zhao Y S, Chen Y, et al. Texture classification using rotation invariant models on integrated local binary pattern and Zernike moments. EURASIP Journal on Advances in Signal Processing, 2014, 182(1): 1-12.

第 2 章　基于可变局部边缘模式的相似纹理分类

　　相似图像可以使用纹理信息进行分类，而边缘是最有价值的纹理信息之一，本章提出一种灵活的边缘描述子，称为可变局部边缘模式(varied local edge pattern，VLEP)，并使用 VLEP 进行相似纹理分类。本章提出的 VLEP 描述子具有多尺度和多方向(多分辨率)属性，此外，因为 VLEP 只能提取图像局部特征，缺乏全局特征表示，而 Zernike 矩可以提取图像的全局形状和空间特征，所以可以充分利用它们各自的优势进行互补。VLEP、LBP 和 Zernike 矩均使用直方图谱特征表示图像信息，因此融合三种特征非常方便，融合后的直方图谱特征使用最近邻分类器分类，在大规模数据库 CUReT 和 Outex 的实验结果显示，本章所提方法显著优于其他纹理分类方法。

2.1　研　究　背　景

　　相似纹理分类在目标跟踪或识别、遥感、基于相似性的图像检索等应用中起到至关重要的作用[1-4]，然而，由于纹理表观的多向性、光照变化和可变性等不确定因素，分析真实世界存在的纹理非常困难。早期阶段，研究人员主要使用统计特征分类纹理图像，Haralick 等[5]最先使用共生统计分析方法描述纹理特征。Manjunath 和 Ma[6]提出的 Gabor 滤波方法被认为是纹理分析的优秀方法之一。Harwood 等[7]提出的 LBP 方法，由于其有效性、快速性和旋转不变属性等优点，也被公认为是一种非常有效的纹理分类方法。随后由 Ojala 等[1]引入公共领域，很多研究人员改进了 LBP 方法，并取得了优秀的结果。例如，Zhao 等[8]、Maani 等[9]和 Ahonen 等[10]分别使用频域分析方法改进了 LBP 方法。Tao 等[11]提出的二维主成分长短时记忆方法也是一种很优秀的纹理特征提取方法，考虑使用主成分层卷积操作去除噪声，并获得有效的纹理信息。为了改善分类结果，一些研究人员提出使用更好的分类器，例如，Tao 等[12]提出一种新的支持向量机(support vector machine，SVM)改进方法——Hessian 正则化 SVM 方法，使用大量的无标签样本构建 Hessian 正则项，提高 SVM 的分类表现，用来解决小样本问题。

　　边缘是人类视觉多通道模型中重要的纹理属性之一[13]，是一种分类相似纹理的有效特征,通常在图像强度或者图像强度的一阶导数中伴有不连续性。Kiranjeet[14]将边缘分为四大类：阶跃边缘、斜坡边缘、直线边缘和屋脊边缘，如图 2.1 所示。根据定义，阶跃边缘和直线边缘中图像强度的变化突兀且剧烈，然而，真实世界中，由于大多数传感器的引入导致低频成分和平滑影响，阶跃边缘和直线边缘并不常见。因此，阶跃边缘通常发展成斜坡边缘，直线边缘经常发展为屋脊边缘，这两种边缘处，图像强度并不是突然发生变化，而是一段时间后出现[15]。

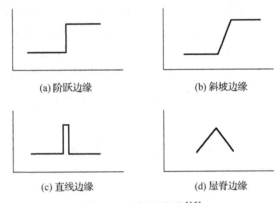

(a)阶跃边缘　　　　　　　　　　(b)斜坡边缘

(c)直线边缘　　　　　　　　　　(d)屋脊边缘

图 2.1　　边缘种类[15]

　　如果提取并分类边缘特征，那么该种特征应该具有容易计算，鲁棒性好，并且对图像的方向和外界噪声等干扰都不敏感等优点。很多经典的边缘提取方法被提出，主要分为：梯度法、拉普拉斯方法和图像近似方法[16]。Roberts[17]、Prewitt[18] 和 Sobel[19]等方法属于梯度方法。Canny 边缘提取[20]也是基于梯度强度计算得到，该方法中，边缘利用掩模和局部图像信号强度做卷积得到，并检测最大值作为特定的边缘类别。拉普拉斯方法使用过零检测描述子，即二阶导数确定准确的边缘位置[21]。此外，Gioi 等[22]提出一种线性时间线段检测器，用来提取边缘信息。文献[14]和文献[23]全面地综述了边缘检测和提取方法。

　　边缘信息在图像检索中非常重要，Won 等[24]提出一种边缘直方图描述子，用来检索语义上的相似图像，该方法融合了图像的全局、半全局和局部直方图特征，度量图像的相似性。Fan 等[25]提出一种彩色边缘提取方法，用来分割图像，该种方法包含四种 3×3 的方形描述子，分别表示水平、垂直、45°对角线和 135°对角线边缘模式。Yao 等[26]在 LBP 方法基础上提出一种 3×3 局部边缘模式方法，用来检索图像，该方法先使用 Sobel 边缘检测描述子，将原始图像转变为二值图像，然后利用 LBP 方法提取特征，检索图像。

　　尽管上述边缘提取方法在图像检索、图像分割等实际应用中获得了优秀的表现，但是算法本身固有的性质存在缺陷。一方面，所有描述子的设计均基于 2×2 或 3×3 像素的最小图像单元，如图 2.2 所示，不具有多尺度属性，仅包含原始图像很小范围内的局部强度变化，众所周知，不同尺度空间支持图像强度的不同连续属性，因此，仅仅通过单一尺度提取边缘信息很容易出现伪边缘。另一方面，这些方法的边缘描述子类别通常仅包括 0°和 90°两种，或者 0°、45°、90°和 135°四种，类别过少。上述不足之处均源于边缘描述子的方形形式和尺度单一特点，限制了边缘方向的数量和种类。如果边缘描述子能设计成圆形形式，那么将很容易推导出多尺度和多方向（多分辨率）的变形版本。此外，也可以使用多尺度和多方向的融合思想，进一步提高边缘特征的完备性。

　　基于上述思想的启示，本章提出一种灵活的圆形 VLEP 边缘描述子，具有任意半径 R 和近邻 P，此外，该描述子中包含传统方法中缺少的多尺度和多方向（多分辨率）属性，为融合思想奠定了基础。也就是说，使用 VLEP 描述子可以提取不同尺度和方向的边缘特征，此外，VLEP 包含两种非边缘描述子，可以增加提取特征的种类。最后，很多诸如模式识别、图像检索和目标跟踪等实际应用，均能利用 VLEP 描述子实现，这里以相似纹理分类为例予以说明。算法具体框图如图 2.3 所示。

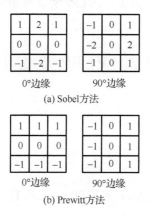

(a) Sobel 方法

(b) Prewitt 方法

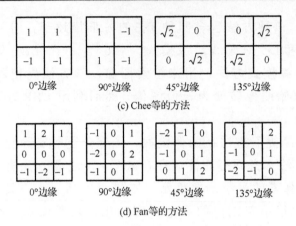

图 2.2　一些已有的边缘描述子实例

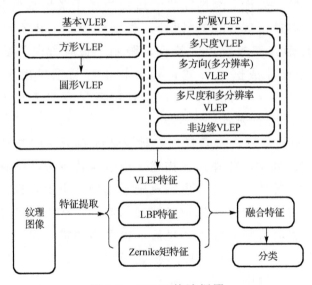

图 2.3　VLEP 算法框图

2.2　VLEP 描述子

2.2.1　基本 VLEP 描述子

(1)方形 VLEP 描述子。

VLEP 描述子的设计是基于灰度图像，具有中心像素值的方形形式，例如，3×3、5×5 或者 7×7 近邻等，使用 $\mathrm{VLEP}_{P,K}^{\theta}$ 表示，如图 2.4 所示。这里 P 是近邻的个数，K 是中心像素到近邻之间的距离，θ 是方向的角度，边缘方向沿着过描述子两个零点的直线方向。每种 (P,K) 描述子能够利用围绕中心像素顺时针或逆时针旋转，推导出其他种类的描述子。考虑描述子对称性，边缘种类或边缘方向的数目是 $P/2$，例如，3×3 近邻的 $(8,1)$ 描述子能推导出 4 种 VLEP 描述子，5×5 近邻的 $(16,2)$ 描述子能推导出 8 种 VLEP 描述子，7×7 近邻的 $(24,3)$ 描述子能推导出 12 种 VLEP 描述子。

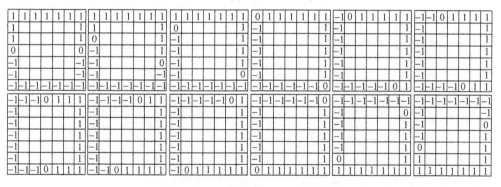

图 2.4　一些方形 VLEP 描述子实例

（2）圆形 VLEP 描述子。

为了设计更加灵活的 VLEP 描述子，方形 $\mathrm{VLEP}_{P,K}^{\theta}$ 描述子可以转变为圆形形式 $\mathrm{VLEP}_{P,R}^{\theta}$，具有任意半径 R 和近邻 P，如图 2.5 所示。同理，每种 (P,R) 描述子可以绕中心像素点顺时针或逆时针旋转，演变为其他种类的描述子。边缘方向沿着过 VLEP 描述子两个零点的连线方向，考虑描述子的对称性，边缘种类或者方向数为 $P/2$，这里 P 是边缘的个数。

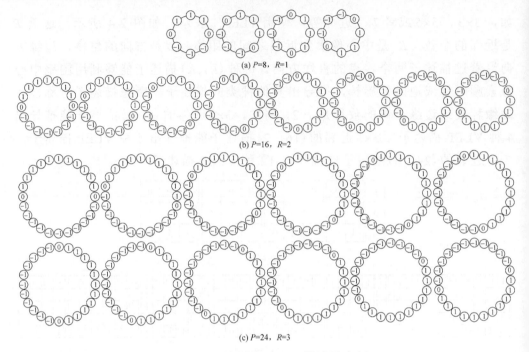

(a) $P=8$，$R=1$

(b) $P=16$，$R=2$

(c) $P=24$，$R=3$

图 2.5 一些圆形 VLEP 描述子实例

2.2.2 扩展 VLEP 描述子

(1)多尺度 VLEP 描述子。

因为 VLEP 描述子是圆形形式，且可以选择任意半径，所以可以获得包含不同半径和相同近邻的不同尺度 VLEP 描述子，例如，近邻都是 8，但是半径分别为 1 和 2 的 VLEP 描述子，具体如图 2.6 所示。使用不同尺度的 VLEP 描述子可以提取支持不同图像结构尺度空间的特征。

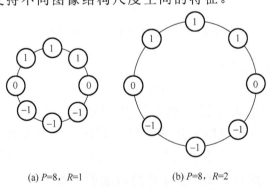

(a) $P=8$，$R=1$ (b) $P=8$，$R=2$

图 2.6 多尺度 VLEP 描述子实例

（2）多方向（多分辨率）VLEP 描述子。

同理，因为不同方向（分辨率）的 VLEP 描述子具有不同近邻个数和相同半径，所以可以获得不同方向（分辨率）的 VLEP 描述子，边缘的方向沿着过 2 个零点的连线方向。例如，半径都为 2，但是近邻点分别为 8 和 16 的 VLEP 描述子，如图 2.7 所示。使用不同分辨率的 VLEP 描述子，可以提取图像不同方向的边缘特征。

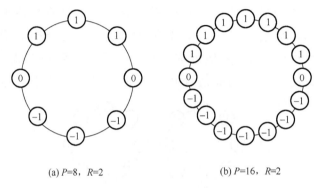

(a) P=8, R=2　　　　　　　(b) P=16, R=2

图 2.7　多方向（多分辨率）VLEP 描述子

（3）多尺度多分辨率 VLEP 描述子。

同时改变半径和近邻点，可以获得不同尺度和分辨率的 VLEP 描述子，例如，近邻和半径分别为 (8,1) 和 (16+16,2) 的 VLEP 描述子，如图 2.8 所示，使用不同尺度和分辨率的 VLEP 描述子，能够同时提取不同尺度和方向的图像特征。

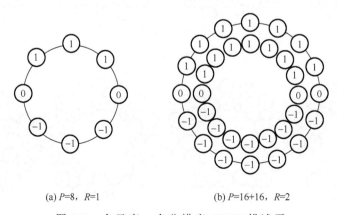

(a) P=8, R=1　　　　　　　(b) P=16+16, R=2

图 2.8　多尺度、多分辨率 VLEP 描述子

注意，以上扩展 VLEP 描述子也可以通过围绕中心像素顺指针或逆时针

旋转，演变出其他的 VLEP 描述子，边缘方向为沿着过描述子 2 个零点的连线方向。

(4) 非边缘 VLEP。

为了获得更加完备的图像判别信息，本章设计了非边缘 VLEP 描述子，并进行统计和融合。具体包含两种方式的非边缘 VLEP 描述子，方式 1 中，沿着描述子圆周均匀对称地设置四个近邻，分别为 1 和−1，其他近邻为 0。方式 2 中，描述子为多层结构，包括两大类，一类沿着描述子圆周均匀对称地设置四个近邻，分别为 1 和−1，其他近邻为 0；另一类沿描述子圆周均匀对称地设置四个近邻为 0，其他近邻分别为 1 和−1。两种方式的非边缘 VLEP描述子如图 2.9 所示。不同非边缘描述子也可以通过绕中心像素顺时针或逆

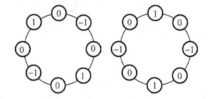

$P = 8, R = 1$

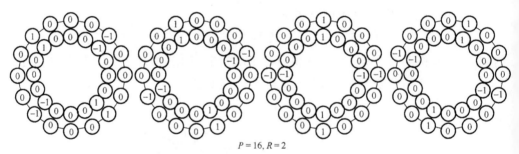

$P = 16, R = 2$

(a) 方式1

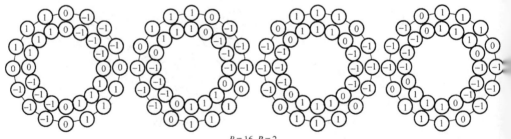

$P = 16, R = 2$

(b) 方式2

图 2.9　一些多尺度和多分辨率非边缘 VLEP 描述子实例

时针旋转，演变出其他种类。如果考虑对称性，非边缘 VLEP 描述子种类或者方向数为 $P/4$，这里 P 为描述子最大半径近邻点个数。

2.3　基于 VLEP 的纹理分类方法

2.3.1　边缘或非边缘特征提取

使用不同半径、近邻数和方向的 VLEP 描述子可以提取不同结构、尺度和方向的边缘与非边缘信息，不同角度 θ 的 $G_{P,R}^{\theta}(x,y)$ 可以通过下式计算：

$$G_{P,R}^{\theta}(x,y) = \text{VLEP}_{P,R}^{\theta} \otimes I(x,y) \tag{2.1}$$

其中，$\text{VLEP}_{P,R}^{\theta}$ 是半径为 R、近邻为 P、方向角为 θ 的边缘或非边缘描述子。对于边缘 VLEP 描述子，$\theta = 2\pi i / P\,(i=0,\cdots,P/2-1)$，对于非边缘 VLEP 描述子，$\theta = 2\pi j / P\,(j=0,\cdots,P/4-1)$。例如，当近邻点 P 和半径 R 为 $(8,1)$，边缘描述子方向角 θ 分别为 $0°$、$45°$、$90°$ 和 $135°$，非边缘 VLEP 描述子的方向角 θ 分别为 $0°$ 和 $45°$，$I(x,y)$ 是原始图像，$\otimes$ 表示卷积操作，如果 VLEP 描述子近邻点像素值所在位置没有准确落在图像栅格处，可以使用周围像素值，利用插值方法计算得到。

$G_{P,R}^{\theta}(x,y)$ 的绝对值 $\left|G_{P,R}^{\theta}\right|$ 包含图像位置 (x,y) 处的边缘和非边缘信息，将其进行比较，最大的绝对值 $\left|G_{P,R}^{\theta}\right|$ 使用下式确定，记为

$$E_{P,R}^{\varphi} = \max\left(\left|G_{P,R}^{\theta}\right|\right)\,(\varphi \in \theta) \tag{2.2}$$

其中，φ 是方向角 θ 中绝对值最大的边缘或非边缘所对应的角度，那么 (x,y) 位置处的边缘种类就是最大值 $E_{P,R}^{\varphi}$ 所对应的边缘或者非边缘类别 ξ。

整幅图像中相同 VLEP 类型 ξ 出现的频次 $T_{P,R}^{\varphi}$ 可以由下式统计得到：

$$T_{P,R}^{\varphi} = \frac{\displaystyle\sum_{x=0}^{M-1}\sum_{y=0}^{N-1} f(x,y)}{M \times N} \tag{2.3}$$

其中，$f(x,y) = \begin{cases} 1, & \xi\text{出现} \\ 0, & \text{其他} \end{cases}$，$(x,y)$ 是包含 $M \times N$ 个像素的图像 $I(x,y)$ 的像素位

置，那么，可以得到包含不同边缘或非边缘类型的频次组成的特征直方图 $H_{P,R}$，即

$$H_{P,R} = (T_{P,R}^{\varphi_1}, \cdots, T_{P,R}^{\varphi_k}, \cdots, T_{P,R}^{\varphi_m}) \tag{2.4}$$

其中，φ_k 表示 VLEP 描述子的方向角，$\varphi_k \in \theta\,(1 \leqslant k \leqslant m)$，$m$ 是 VLEP 描述子的类别数。

2.3.2　边缘或非边缘特征细分

由于 $E_{P,R}^{\varphi}$ 是连续值输出，即是实数，而非整数，所以，为了获得更加紧致的特征向量，特征空间需要被细分，以便每种边缘或非边缘能更加详细地划分类别，也就是说，每种边缘或非边缘可以进一步细分为子类，细分阈值 V_{th} 可以使用如下方法计算。

首先，所有训练图像中属于相同类别的边缘或非边缘（或 VLEP 描述子）的 $E_{P,R}^{\varphi}$ 值按照从小到大排序，细分阈值 V_{th} 可使用下式计算：

$$V_{th} = E_{P,R}^{\varphi}\left(\frac{N}{B} \times w + 1\right), \quad w = 1, \cdots, B-1 \tag{2.5}$$

其中，N 表示所有训练图像中边缘或非边缘（或 VLEP 描述子）的个数，B 是每类边缘或非边缘（或 VLEP 描述子）细分类别数，需要提前设定。$E_{P,R}^{\varphi}(\cdot)$ 表示序列中第 "." 个位置处的 $E_{P,R}^{\varphi}$ 值，w 是 $1 \sim B-1$ 的正整数。

细分阈值 V_{th} 确定后，每种边缘或非边缘可以进一步细分为 B 类，因此每幅图像特征向量维度 λ 可以用下式计算：

$$\lambda = B \times \left(\frac{P}{2} + \frac{P}{4} \times A\right) \tag{2.6}$$

其中，每种 VLEP 描述子有 $P/2$ 类，非边缘 VLEP 描述子有 $P/4$ 类，A 是非边缘 VLEP 描述子的方式类别。如果纹理图像中被细分后，相同种类的边缘或非边缘使用式 (2.7) 进行统计，可以得到更加紧致的特征向量表示，即

$$H'_{P,R} = (T_{P,R}^{\varphi_{11}}, \cdots, T_{P,R}^{\varphi_{1B}}, \cdots, T_{P,R}^{\varphi_{k1}}, \cdots, T_{P,R}^{\varphi_{kB}}, \cdots, T_{P,R}^{\varphi_{m1}}, \cdots, T_{P,R}^{\varphi_{mB}}) \tag{2.7}$$

实验中，有两类非边缘 VLEP 描述子方式，每类 VLEP 细分种类 B 设为 16，因为经过实验验证，细分类别 B 分别设为 8、16 和 32 时，16 的结果最好。完整的直方图特征如图 2.10 所示。

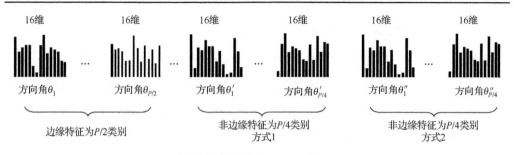

完整直方图的维度为$(P/2 + P/4 + P/4)\times 16$

图 2.10　完整特征直方图的组成

2.3.3　融合思想

根据提出方法，获得 VLEP 直方图特征，为了获得更加丰富和完备的特征，将 VLEP 特征与 LBP[1]、Zernike 矩[27]特征进行融合，主要考虑以下两个主要原因。首先 LBP 和 Zernike 矩特征计算简单、速度快，是模式识别领域中有效的特征表示方法。但是 LBP 方法中，每个图像纹理基元的中心像素值被近邻的 LBP 码和对应的二值权重的卷积和代替，因此 LBP 具有一定程度的滤波作用，如图 2.11 所示，边缘信息被模糊或者损失。Zernike 矩只能提取图像的全局形状特征，缺乏细节信息，因此，相似纹理分类时，三种特征相结合可以进行优势互补。其次，LBP 和 Zernike 矩特征都是直方图谱形式，很容易将它们与 VLEP 进行融合。

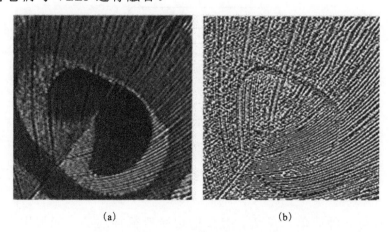

(a)　　　　　　　　　　　　(b)

图 2.11　被 LBP 方法模糊的边缘实例

实验中，LBP 方法使用旋转不变描述子 $\text{LBP}_{P,R}^{\text{riu2}}$ 提取特征[1]，并使用串联融合策略，融合特征公式如下：

$$H_{\text{fusion}} = [H_{\text{LEP}},\ H_{\text{LBP}},\ H_Z] \tag{2.8}$$

其中，H_{LEP}、H_{LBP} 和 H_Z 分别表示 VLEP、LBP 和 Zernike 矩的直方图谱特征。

　　实际上，因为不同尺度和分辨率描述子支持不同的图像结构空间，所以，多尺度和多分辨率融合思想也可以用来进一步提高分类准确率，即多个不同的 (P,R) 描述子同时使用，能够获得更加丰富和完备的纹理信息。

2.3.4　算法流程

　　综上所述，VLEP 是一种非常重要的工具，可以用来分类相似纹理图像，图 2.12 给出了基于 VLEP 的纹理图像分类方法的流程示意图。

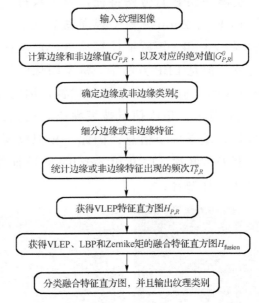

图 2.12　基于 VLEP 的纹理图像分类方法的流程示意图

2.4　实验结果与分析

　　VLEP 是一种简单、灵活、有效的边缘特征描述子，能被用来分类相似纹理图像。为了证明本章所提方法的有效性，设计并执行了一系列实验，所有实验均在 MATLAB 运行环境中执行。

2.4.1　数据库

实验中使用了纹理数据库 CUReT[29]和 Outex[30]，CUReT 数据库包含 61 类真实世界的纹理，纹理具体信息如 1.4.1 节所述，其中，每类纹理图像中 23 幅做训练，其余图像做测试，因此有 1403（61×23＝1403）幅训练图像、4209（61×69＝4209）幅测试图像，这种设计为了模拟小样本或少数训练样本的情况。

Outex 数据库具体纹理信息如 1.4.1 节所述，每类图像包含 27 幅图像（3 种光照、9 种角度，600dpi 分辨率），前 9 幅图像（"horizon"光照、9 种角度，600dpi 分辨率）作为训练图像，共 891（99×9＝891）幅，1782（99×18＝1782）幅作为测试图像。

本章比较了提出的基于 VLEP 方法[31]和纹理图像分类中经常使用的 LBP 方法，对比方法包括 $LBP_{P,R}^{riu2}$ 方法[1]、$VAR_{P,R}$ 方法[1]、$LBP_{P,R}^{riu2}/VAR_{P,R}$ 方法[1]和 $ALBPF_{P,R}^{riu2}$ 方法[28]。因为 $VAR_{P,R}$ 和 $LBP_{P,R}^{riu2}/VAR_{P,R}$ 为连续输出值，即实数值，所以需要量化特征空间，实验中，这两种方法量化级设置为 128 比特和 16 比特，具体做法同 Ojala 等提出的方法[1]。本章所提方法中，因为当特征细分 B 值分别为 8、16 和 32 时，16 的结果最优，所以每种边缘或非边缘 VLEP 描述子进一步细分的 B 值设为 16，表 2.1 列出了使用数据库 CUReT 做实验，8 近邻、1 半径的 6 种 VLEP（4 种边缘 VLEP 描述子和 2 种非边缘 VLEP 描述子）的阈值。实验时，将所有图像转变为灰度图像，为了去除全局强度和对比度的影响，将每幅纹理图像使用强度均值 128 和方差 20 进行归一化[28]。

表 2.1　8 近邻和 1 半径时 VLEP 描述子的阈值

边缘类型	边缘 VLEP1	边缘 VLEP2	边缘 VLEP3	边缘 VLEP4	非边缘 VLEP1	非边缘 VLEP2
1	0	0	0	0	0	0
2	7.722793	9.762589	8.55014	11.27772	3.067642	5.9867
3	11.37632	14.38435	12.65688	17.76244	4.67796	8.890015
4	14.42746	18.53011	16.18028	23.61826	6.00888	11.54774
5	17.32362	22.58653	19.58209	29.28114	7.260861	14.1402
6	20.26381	26.73551	22.99114	34.93664	8.485272	16.67281
7	23.33601	31.09036	26.54237	40.64663	9.779782	19.20144
8	26.66036	35.78672	30.32851	46.51052	11.15642	21.79964

续表

边缘类型	边缘 VLEP1	边缘 VLEP2	边缘 VLEP3	边缘 VLEP4	非边缘 VLEP1	非边缘 VLEP2
9	30.31183	40.9152	34.47574	52.60248	12.65737	24.5662
10	34.42475	46.64605	39.12418	59.04444	14.33638	27.53021
11	38.9725	53.14829	44.43245	66.00308	16.18841	30.86466
12	44.35418	60.77587	50.72476	73.71217	18.35716	34.67539
13	50.86198	70.01518	58.5085	82.46596	21.04348	39.05234
14	59.81381	81.8659	68.72496	92.71902	24.58776	44.33685
15	72.85783	98.51991	83.77083	105.5036	29.7751	51.11778

2.4.2　CUReT 数据库实验结果

使用本章所提方法和对比方法对 CUReT 数据库中的图像做实验,结果如表 2.2 所示,当近邻数 P 为 8 时,非边缘 VLEP 的方式 1 和方式 2 相同,因此只有一种方式在特征提取时使用。当近邻数 P 不是 8 时,非边缘 VLEP 的方式 1 和方式 2 同时被使用。$\text{VLEP}^{\theta}_{P,R\_di}$ 表示细分比特数为 16 时的提出方法,"Z"表示 Zernike 矩方法,5、8 和 10 是 Zernike 矩的阶数,符号"_"表示串联 2 种或 3 种直方图谱特征。例如,$\text{VLEP}^{\theta}_{P,R\_di}\_\text{LBP}^{riu2}_{P,R}$ 表示串联旋转不变 LBP 方法 $\text{LBP}^{riu2}_{P,R}$ 和提出方法 $\text{VLEP}^{\theta}_{P,R\_di}$ 的特征。

表 2.2　不同方法的识别率

方法		P=8，R=1		P=12，R=1.5		P=16，R=2	
		识别率/%	融合特征维数	识别率/%	融合特征维数	识别率/%	融合特征维数
$\text{VAR}_{P,R}$		45.17	128	41.29	128	41.15	128
$\text{LBP}^{riu2}_{P,R}$		62.25	10	63.45	14	64.93	18
$\text{LBP}^{riu2}_{P,R}/\text{VAR}_{P,R}$		66.48	10/16	70.21	10/16	70.56	10/16
$\text{ALBPF}^{riu2}_{P,R}$		69.73	10	72.42	14	73.49	18
$\text{VLEP}^{\theta}_{P,R}$		46.04	6	51.46	12	53.50	16
$\text{VLEP}^{\theta}_{P,R\_di}$		62.82	96	64.01	192	65.29	256
$\text{VLEP}^{\theta}_{P,R\_di}\_\text{LBP}^{riu2}_{P,R}$		69.78	106	71.35	206	71.80	274
$\text{VLEP}^{\theta}_{P,R\_di}\_\text{LBP}^{riu2}_{P,R}\_Z$	5	71.66	118	**73.60**	218	74.01	286
	8	**71.77**	131	73.49	231	73.94	299
	10	71.70	142	73.51	242	**74.10**	310

从表 2.2 可以得出结论，在 LBP 方法中，$\text{ALBPF}_{P,R}^{\text{riu2}}$ 方法的识别率最好，$\text{VAR}_{P,R}$ 方法最差，例如，$\text{ALBPF}_{P,R}^{\text{riu2}}$ 在 P 和 R 分别为 $(8,1)$、$(12,1.5)$ 和 $(16,2)$ 时，识别率分别为 69.73%、72.42% 和 73.49%。而 $\text{VAR}_{P,R}$ 方法的结果分别为 45.17%、41.29% 和 41.15%。结果显示，在相似纹理识别中，模式、近邻与中心像素之间的差异都是非常有用的，然而，模式的作用更大。此外，因为 $\text{ALBPF}_{P,R}^{\text{riu2}}$ 方法包含方向信息，而其他 LBP 方法中缺乏方向信息，所以，$\text{ALBPF}_{P,R}^{\text{riu2}}$ 方法获得了更好的结果。

$\text{VAR}_{P,R}$ 的作用随着近邻点和纹理模式尺度增加而降低，但是 $\text{VLEP}_{P,R}^{\theta}$、$\text{VLEP}_{P,R\_di}^{\theta}$、$\text{LBP}_{P,R}^{\text{riu2}}$、$\text{LBP}_{P,R}^{\text{riu2}}/\text{VAR}_{P,R}$ 和 $\text{ALBPF}_{P,R}^{\text{riu2}}$ 的识别率随着近邻点和纹理模式尺度的增加而增加。这些结果显示，对比信息随着纹理模式尺度增加，作用越来越不可靠，事实上，近邻点和中心像素之间距离越大，像素之间的相关性就越小，进而像素之间的差异，或者对比度信息对识别结果的影响也就越小。此外，局部模式的变化反映了纹理结构的特点，与小尺度纹理结构相比，大尺度纹理结构对识别任务来说更有价值。

细分方法能够有效提高提出方法的识别结果。例如，当 $P=8$、$R=1$ 时，未细分识别结果为 46.04%，而细分后结果为 62.82%。因为细分方法增加了模式的种类，能够更加详细地表示每幅纹理图像的信息，识别结果显著增加。

融合模式能够显著增加识别结果。例如，当 $P=1$、$R=2$ 时，$\text{VLEP}_{P,R\_di}^{\theta}$ 和 $\text{LBP}_{P,R}^{\text{riu2}}$ 方法识别结果分别为 65.29% 和 64.93%，然而，融合特征 $\text{VLEP}_{P,R\_di}^{\theta}\_\text{LBP}_{P,R}^{\text{riu2}}$ 和 $\text{VLEP}_{P,R\_di}^{\theta}\_\text{LBP}_{P,R}^{\text{riu2}}\_Z$ 的识别结果能分别达到 71.80% 和 74.10%，这里 Zernike 矩选择 10 阶参数计算。因为 VLEP、LBP 和 Zernike 矩方法分别从不同角度包含了每幅纹理图像信息，所以融合直方图具有更加丰富和完备的特征，获得了更好的结果。

因为利用融合多尺度和多分辨思想可以获得不同尺度和不同分辨率的图像信息，所以能够获得更好的实验结果。例如，当使用 $\text{VLEP}_{P,R\_di}^{\theta}\_\text{LBP}_{P,R\ 8,1+12,1.5+16,2}^{\text{riu2}}$ 和 $\text{VLEP}_{P,R\_di}^{\theta}\_\text{LBP}_{P,R}^{\text{riu2}}\_Z_{8,1+12,1.5+16,2}$ 融合特征时，识别率分别达到 72.82% 和 74.82%。这里 Zernike 矩使用 10 阶参数计算，融合策略使用简单的串联不同尺度和分辨率方法，如果更加精心设计融合方法，能够得到更好的结果。

2.4.3　Outex 数据库实验结果

将相同实验方法应用于 Outex 数据库，识别结果如表 2.3 所示。

表 2.3　不同方法的识别结果

方法		P=8，R=1		P=12，R=1.5		P=16，R=2	
		识别率 /%	融合特征维数	识别率 /%	融合特征维数	识别率 /%	融合特征维数
$\text{VAR}_{P,R}$		34.68	128	23.29	128	43.77	128
$\text{LBP}_{P,R}^{\text{riu2}}$		20.71	10	21.94	14	31.03	18
$\text{LBP}_{P,R}^{\text{riu2}}/\text{VAR}_{P,R}$		38.95	10/16	25.65	10/16	52.86	10/16
$\text{ALBPF}_{P,R}^{\text{riu2}}$		17.00	10	23.73	14	30.02	18
$\text{VLEP}_{P,R}^{\theta}$		32.60	6	37.82	12	55.33	16
$\text{VLEP}_{P,R\_di}^{\theta}$		33.84	96	59.43	192	68.29	256
$\text{VLEP}_{P,R\_di}^{\theta}\_\text{LBP}_{P,R}^{\text{riu2}}$		37.54	106	62.40	206	72.33	274
$\text{VLEP}_{P,R\_di}^{\theta}\_\text{LBP}_{P,R}^{\text{riu2}}\_Z$	5	44.00	118	68.07	218	77.44	286
	8	45.68	131	69.53	231	78.00	299
	10	**45.68**	142	**69.98**	242	**78.56**	310

　　从表 2.3 的结果可以看出，在 LBP 方法中，$\text{LBP}_{P,R}^{\text{riu2}}/\text{VAR}_{P,R}$ 方法的识别结果最好，$\text{ALBPF}_{P,R}^{\text{riu2}}$ 方法的识别结果最差。例如，P 和 R 分别为 (8,1)、(12,1.5) 和 (16,2) 时，$\text{LBP}_{P,R}^{\text{riu2}}/\text{VAR}_{P,R}$ 方法的识别结果分别为 38.95%、25.65% 和 52.86%，然而，$\text{ALBPF}_{P,R}^{\text{riu2}}$ 方法的识别结果分别为 17.00%、23.73% 和 30.02%。

　　细分方法能够有效提高 VLEP 方法的识别结果，例如，当 $P=12$、$R=1.5$ 时，未细分识别结果为 37.82%，细分识别结果为 59.43%。同理，因为细分方法增加了模式的种类，每幅纹理图像的特征能够被表示得更加详细，获得更好的识别结果。

　　融合方法能够显著提高识别结果。例如，当 $P=16$、$R=2$ 时，$\text{LBP}_{P,R}^{\text{riu2}}$ 方法和 $\text{VLEP}_{P,R\_di}^{\theta}$ 方法分别获得 31.03% 和 68.29% 的识别率，但是融合特征 $\text{VLEP}_{P,R\_di}^{\theta}\_\text{LBP}_{P,R}^{\text{riu2}}$ 和 $\text{VLEP}_{P,R\_di}^{\theta}\_\text{LBP}_{P,R}^{\text{riu2}}\_Z$ 能够分别获得 72.33% 和 78.56% 的识别结果，这里 Zernike 矩使用 10 阶参数计算。

　　在 Outex 数据库实验中，也尝试了多尺度和多分辨率融合方法，同样获得了优秀的结果。例如，使用不同尺度和分辨率的融合特征 $\text{VLEP}_{P,R\_di}^{\theta}\_\text{LBP}_{P,R}^{\text{riu2}}\_Z_{8,1+12,1.5+16,2}$ 时，获得了 82.10% 的识别率。

　　总之，同 $\text{LBP}_{P,R}^{\text{riu2}}$、$\text{VAR}_{P,R}$、$\text{LBP}_{P,R}^{\text{riu2}}/\text{VAR}_{P,R}$ 和 $\text{ALBPF}_{P,R}^{\text{riu2}}$ 方法相比，本章所提方法获得了更加准确、稳定和鲁棒的识别结果，此外多尺度、多分辨率和

多模态识别融合思想，能够进一步显著提高识别结果。

因为 $VAR_{P,R}$、$LBP_{P,R}^{riu2}/VAR_{P,R}$ 和本章所提方法有连续输出值，即实数形式，所以这三种方法均需要量化特征空间。实验中，这三种方法选择相同的量化参数。$LBP_{P,R}^{riu2}$ 和 $ALBPF_{P,R}^{riu2}$ 方法的特征向量维度小于 $VAR_{P,R}$、$LBP_{P,R}^{riu2}/VAR_{P,R}$ 和本章所提方法。然而，$ALBPF_{P,R}^{riu2}$ 需要提前计算纹理图像的方向信息，事实上，因为 VLEP 模式种类少于其他对比方法，所以 VLEP 方法的特征向量维度是最小的。同时由于多尺度、多分辨率思想被考虑，并且 $LBP_{P,R}^{riu2}$ 和 Zernike 矩特征被融合，所以本章所提方法特征向量维度是最大的。综上所述，本章所提方法同其他对比方法相比，不是最复杂的，但却得到了最好的识别结果。

2.5　本　章　小　结

本章提出一种新颖的 VLEP 描述子，并应用于纹理图像分类，该描述子是具有任意半径和近邻的圆形形式，此外，在基本的 VLEP 描述子的基础上，推导出多尺度和多分辨率（或多方向）VLEP 描述子，为融合思想奠定基础。为了更加准确、完备地表示图像信息，同时考虑了细分方法和多模态融合思想。实验结果显示，在大规模 CUReT 和 Outex 纹理数据库中进行实验，同其他经典纹理分类方法相比，基于 VLEP 方法能够获得更加优秀的性能。

参 考 文 献

[1] Ojala T, Pietikainen M, Maenpaa T. Multiresolution gray-scale and rotation invariant texture classification with local binary patterns. IEEE Transactions on Pattern Analysis and Machine Intelligence, 2002, 24(7): 971-987.

[2] Maliani A D E, Hassouni M E, Berthoumieu Y, et al. Color texture classification method based on a statistical multi-model and geodesic distance. Journal of Visual Communication and Image Representation, 2014, 25(7): 1717-1725.

[3] Wang Y, He D, Yu C, et al. Multimodal biometrics approach using face and ear recognition to overcome adverse effects of pose changes. Journal of Electronic Imaging, 2012, 21(4): 1-11.

[4] Mohsen Z, Shyamala D, Alfian A H, et al. Texture classification and discrimination for region-based image retrieval. Journal of Visual Communication and Image Representation, 2015, 26: 305-316.

[5] Haralick R M, Shanmugam K, Dinstein I. Textural features for image classification. Studies in Media and Communication, 1973, 3(6): 610-621.

[6] Manjunath B S, Ma W Y. Texture features for browsing and retrieval of image data. IEEE Transactions on Pattern Analysis and Machine Intelligence, 1996, 18(8): 837-842.

[7] Harwood D, Ojala T, Pietikainen M, et al. Texture classification by center-symmetric auto-correlation, using Kullback discrimination of distributions. Pattern Recognition Letters, 1995, 16(1): 1-10.

[8] Zhao G, Ahonen T, Matas J, et al. Rotation-invariant image and video description with local binary pattern features. IEEE Transactions on Image Processing, 2012, 21(4): 1465-1477.

[9] Maani R, Kalra S, Yang Y H. Rotation invariant local frequency descriptors for texture classification. IEEE Transactions on Image Processing, 2013, 22(6): 2409-2419.

[10] Ahonen T, Matas J, He C, et al. Rotation Invariant Image Description with Local Binary Pattern Histogram Fourier Features//Image Analysis. Berlin: Springer, 2009.

[11] Tao D, Lin X, Jin L, et al. Principal component 2-D long short-term memory for font recognition on single Chinese characters. IEEE Transactions on Cybernetics, 2016, 46(3): 756-765.

[12] Tao D, Jin L, Liu W, et al. Hessian regularized support vector machines for mobile image annotation on the cloud. IEEE Transactions on Multimedia, 2013, 15(4): 833-844.

[13] Levine D M. Vision in Man and Machine. New York: McGraw-Hill, 1985.

[14] Kiranjeet K, Sheenam M. A survey on edge detection using different techniques. International Journal of Application or Innovation in Engineering and Management, 2013, 2: 496-500.

[15] Kaya M. Image clustering and compression using an annealed fuzzy hopfield neural network. International Journal of Signal Processing, 2005, 1: 80-88.

[16] Ali M, Clausi D. Using the Canny edge detector for feature extraction and enhancement of remote sensing images//IEEE International Geoscience and Remote Sensing Symposium, Sydney, 2001.

[17] Berzins V. Accuracy of Laplacian edge detectors. Computer Vision Graphics and Image Processing, 1984, 27(2): 195-210.

[18] Mikolajczyk K, Schmid C. A performance evaluation of local descriptors. IEEE Transactions on Pattern Analysis and Machine Intelligence, 2005, 27(10): 1615-1630.

[19] Duds R O, Hart P E. Pattern Classification and Scene Analysis. New York: Wiley, 1973.

[20] Canny J. A computational approach to edge detection. IEEE Transactions on Pattern Analysis and Machine Intelligence, 1986, 8(6): 679-698.

[21] Bergholm F. Edge focusing. IEEE Transactions on Pattern Analysis and Machine Intelligence, 1987, 9(6): 726-741.

[22] Gioi R G V, Jakubowicz J, Morel J M, et al. LSD: a fast line segment detector with a false detection control. IEEE Transactions on Pattern Analysis and Machine Intelligence, 2010, 32(4): 722-732.

[23] Ziou D, Tabbone S. Edge detection techniques: an overview. International Journal of Pattern Recognition and Image Analysis, 1998, 8(4): 537-559.

[24] Won C S W, Park D K P, Park S J P. Efficient use of MPEG-7 edge histogram descriptor. ETRI Journal, 2002, 24(1): 23-30.

[25] Fan J, Yau D K Y, Elmagarmid A K, et al. Automatic image segmentation by integrating color-edge extraction and seeded region growing. IEEE Transactions on Image Processing, 2001, 10(10): 1454-1466.

[26] Yao C H, Chen S Y. Retrieval of translated, rotated and scaled color textures. Pattern Recognition, 2003, 36: 913-929.

[27] Khotanzad A, Hong Y H. Invariant image recognition by Zernike moments. IEEE Transactions on Pattern Analysis and Machine Intelligence, 1990, 12(5): 489-497.

[28] Guo Z H, Zhang L, Zhang D, et al. Rotation invariant texture classification using adaptive LBP with directional statistical features//The 17th IEEE International Conference on Image Processing, HongKong, 2010.

[29] Dana K J, Ginneken B, Nayar S K, et al. Reflectance and texture of real world surfaces. ACM Transactions on Graphics, 1999, 18: 1-34.

[30] Ojala T, Maenpaa T, Pietikainen M, et al. Huovinen, Outex-new framework for empirical evaluation of texture analysis algorithm//International Conference on Pattern Recognition, Quebec, 2002.

[31] Wang Y, Zhao Y S, Cai Q. A varied local edge pattern descriptor and its application to texture classification. Journal of Visual Communication and Image Representation, 2016, 15(1): 108-117.

第 3 章　基于可变局部边缘模式的边缘检测

边缘检测是图像处理领域中一个重要的研究方向，并且在图像分割、模式分类、目标跟踪等实际应用中起到至关重要的作用。本章提出一种基于可变局部边缘模式(VLEP)描述子的边缘检测方法，这种描述子具有多尺度和多分辨率特性。本章提出方法包括以下步骤：首先，使用高斯滤镜平滑原始图像；其次，利用一组或多组 VLEP 描述子得到边缘强度值，并计算边缘梯度值；接着，使用加权融合思想融合多组 VLEP 描述子的结果；最后，设置适当的阈值，对梯度图像进行二值化处理。实验结果显示，本章所提的边缘检测方法比其他方法具有更好的性能。

3.1　研　究　背　景

边缘检测是图像处理领域中一项非常有价值的技术，可广泛应用于模式识别[1]、目标跟踪[2]、图像分割[3]、遥感[4]和相似性检索[5]等实际应用中。然而，它也存在许多的问题亟待解决，例如，如何提高边缘定位精度，如何设计具有良好性能和计算高效率的边缘检测描述子等，为此，研究人员提出了很多边缘检测方法[6,7]。Canny[8,9]提出最优边缘检测理论，检测结果的优劣取决于三个条件：低错误率、高定位精度和单边缘的唯一响应，同时，他还认为边缘定位精度与伪边缘响应的鲁棒性之间需要进行很好的权衡。

本章提出了一种新颖的边缘检测算法，利用可变局部边缘模式描述子[10]的多尺度与多分辨率特性，来克服基于梯度的方形边缘检测描述子的缺点。

3.2　边缘检测方法

通常来讲，边缘检测一般包括三个步骤：滤波、增强和检测[11]。滤波可以有效地抑制脉冲噪声和高斯噪声。但是，在滤波的过程中，边缘的强度也有可能丢失，因此在保留边缘强度与降噪之间，常常需要仔细地衡量。利用计算梯度强度等方法，可以使图像的局部强度值发生巨大的变化。通过判定图像上的每个像素点是不是边缘，可以检测图像的边缘信息，下面详细说明本章提出的基于 VLEP 描述子的边缘检测方法。

3.2.1 高斯滤波

通常，边缘检测主要取决于图像强度的一阶或二阶导数，但是导数的计算过程非常容易受到图像噪声的影响，因此有必要使用滤波器来改善边缘检测器的性能。Lindeberg 认为，为了抑制噪声、分析尺度空间，利用高斯内核平滑图像是唯一的选择[12,13]。式 (3.1) 表示高斯函数，式 (3.2) 是一组由高斯函数离散化得到的标准化高斯内核[14,15]：

$$G(x,y,\sigma) = \frac{1}{\sqrt{2\pi}\sigma} e^{\frac{-x^2-y^2}{2\sigma^2}} \tag{3.1}$$

$$H(i,j,\sigma) = \frac{1}{\sqrt{2\pi}\sigma} e^{\frac{-(i-s-1)^2-(j-s-1)^2}{2\sigma^2}} \tag{3.2}$$

其中，σ 为标准差，s 用于确定内核矩阵的维数，其维度是 $(2s+1) \times (2s+1)$，(i,j) 是内核矩阵元素的坐标，实验中使用高斯内核平滑待检测图像。

3.2.2 边缘检测

边缘点具有两个非常重要的属性：边缘强度与边缘方向[16]。其中，边缘强度用梯度大小来表示，梯度角度的含义是边缘方向。使用一组 VLEP 描述子 (具体形式请参考 2.2.1 节) 分别与高斯平滑后的图像按式 (3.3) 做卷积计算，可以得到 $P/2$ 幅不同边缘角度 θ 的边缘图像：

$$\Psi_{P,R}^{\theta} = \text{VLEP}_{P,R}^{\theta} \otimes I \tag{3.3}$$

其中，$\text{VLEP}_{P,R}^{\theta}$ 是半径为 R、近邻点个数为 P、角度为 θ（$\theta = 2\pi i/P$，$i = 0,\cdots,P/2-1$）的局部边缘检测描述子，I 是经过高斯滤波器平滑后的图像，$\Psi_{P,R}^{\theta}$ 是边缘方向为 θ 的边缘强度图像。最终的梯度图像 $\text{Grad}_{P,R}$ 可由式 (3.4) 计算：

$$\text{Grad}_{P,R} = \sqrt{\sum_{\theta=0}^{\pi-\Theta} (\varPsi_{P,R}^{\theta})^2} \tag{3.4}$$

其中，$\Theta = 2\pi / P$。

3.2.3　加权融合思想

加权融合思想是在至少选择两组 VLEP 描述子的情况下才考虑执行，根据 VLEP 描述子的选择情况，本章给出两种不同的融合方法。

（1）不同尺度、相同分辨率的 VLEP 描述子。

不同尺度、相同分辨率的 VLEP 描述子是指邻近点 P 的个数相同、半径 R 不同的描述子。半径 R 取值越大，进行边缘检测的图像纹理基元尺寸越大。例如近邻点 P 均是 8，半径 R 分别是 1 和 2，如图 2.6 所示，两组圆形边缘检测描述子分别表示为 $\text{VLEP}_{8,1}^{\theta}$ 与 $\text{VLEP}_{8,2}^{\theta}$。可见，所述可变局部边缘模式具有多尺度特性。

当选择 n 组半径 R 不同，但近邻点 P 相同的 VLEP 时，可以使用式(3.5)分别计算每组描述子沿相同方向角 θ 的边缘强度图像 $\varPsi_{P,R,k}^{\theta}$，k 表示第 k 组 VLEP 描述子：

$$\varPsi_{P,R,k}^{\theta} = \text{VLEP}_{P,R,k}^{\theta} \otimes I \tag{3.5}$$

因此，可以利用如下加权式(3.6)获得具有不同方向角 θ 的融合边缘图像 $\varPsi_{P,R}^{\theta}$：

$$\varPsi_{P,R}^{\theta} = a_1 \varPsi_{P,R,1}^{\theta} + \cdots + a_k \varPsi_{P,R,k}^{\theta} + \cdots + a_n \varPsi_{P,R,n}^{\theta}, \quad 1 \leqslant k \leqslant n, \quad k \in N \tag{3.6}$$

其中，权重系数 a_k 根据约束条件 $a_1 + \cdots + a_k + \cdots + a_n = 1$ 来选择，在后续的所有实验中，不同组的 VLEP 描述子在同一个方向 θ 的加权系数 a_k 保持一致。由于边缘点多出现在 $0°$、$45°$、$90°$ 和 $135°$ 方向上，所以对应边缘方向的加权系数取值可适当大一些。最终的梯度图像使用式(3.4)计算得到。这种加权融合思想反映了 VLEP 描述子在进行边缘检测时的多尺度特性，刻画了图像边缘的局部空间尺度信息。

（2）不同尺度、不同分辨率的 VLEP 描述子。

不同尺度、不同分辨率（方向数）的 VLEP 描述子是指近邻点个数 P 与半径 R 取值均不同的描述子。如图 3.2 所示，近邻点 $P=8$、半径 $R=1$ 的描述子，以及近邻点 $P=16$、半径 $R=3$ 的描述子，两组圆形边缘检测描述子分别表示为 $\text{VLEP}_{8,1}^{\theta}$ 与 $\text{VLEP}_{16,3}^{\theta}$。近邻点 P 的取值决定了一组圆形边缘检测描述子的个数，实质上 P 个近邻点包含了 $P/2$ 种边缘方向，因此，本章提出的局部边缘模式具有多分辨率（多方向）特性。

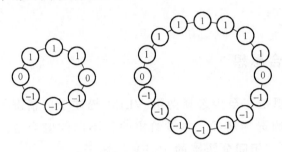

(a) $P = 8, R = 1$　　　　　　　(b) $P = 16, R = 3$

图 3.1　不同尺度和分辨率（方向）的 VLEP 描述子

当选择 n 组不同尺度、不同分辨率的 VLEP 描述子时，每组描述子按式(3.3)和式 (3.4)计算得出的梯度图像 $\text{Grad}_{P,R,k}$。根据加权公式(3.7)获取融合的梯度图像：

$$\text{Grad}_{P,R} = b_1\text{Grad}_{P,R,1} + \cdots + b_k\text{Grad}_{P,R,k} + \cdots + b_n\text{Gard}_{P,R,n}, \quad 1 \leqslant k \leqslant n, \quad k \in N \quad (3.7)$$

其中，加权正系数 b_k 满足 $b_1 + \cdots + b_k + \cdots + b_n = 1$，在实验中，取 $b_1 = \cdots = b_k = \cdots = b_n = 1/n$。这种加权融合思想反映了 VLEP 描述子在进行边缘检测时的多尺度与多分辨率（多方向）特性，在刻画图像边缘的局部空间尺度信息的同时，也解决了传统描述子由于边缘方向过少会丢失其他方向边缘信息的问题。

3.2.4　二值化处理

为了获得更好地边缘检测效果，需要设置适当的阈值对梯度图像进行二值化处理。在本算法中，阈值 T 可以通过计算梯度图像的平均值 M，同时选择合适的权重系数 α $(0 < \alpha \leqslant 1)$ 得出，即

$$T = \sqrt{\alpha M} \quad (3.8)$$

当梯度图像像素值大于等于阈值 T 时，该像素点置为 1（白色），表示该点为边缘点；当梯度图像像素值小于阈值 T 时，该像素点置为 0（黑色），表示该点为背景点，所得图像即为边缘检测后的二值化图像。根据不同的情况和经验，权重系数的最优值有所不同，但一般介于 0.1～0.25。

3.2.5　算法流程

本章提出了一种具有多尺度多分辨率特性的局部边缘模式描述子的边缘

检测方法，算法流程如下：

(1)将原始图像转换为灰度图像。

(2)使用式(3.2)平滑灰度图像。

(3)根据式(3.3)，使用一组 VLEP 描述子检测边缘。

(4)使用式(3.4)得到最终的梯度图像。

(5)使用式(3.8)得到最终的二值化图像。

3.3　实验结果与分析

为了证明提出方法的有效性，本章设计并执行了一系列实验。实验的编译环境为 MATLAB 2013b，硬件环境为 PC 机，处理器：Intel(R) Core(TM) i7-4790，CPU@3.60GHz，内存 4.00GB。边缘检测过程会受很多因素的影响，为了验证描述子的有效性，保证实验条件完全相同，不外加双阈值法保证边缘的连通性。Roberts、 Prewitt 和 Sobel 算法是目前简单有效且使用广泛的边缘检测方法[17,18]，因此，将本章所提算法[19]与上述传统经典算法进行比较。同时，由于版面限制，使用一幅具有代表性的图像进行实验设计。

图 3.2(a)是 695×695 像素的原始彩色图像，此原始图像被转换成如图 3.2(b)所示的灰度图像，并且使用高斯核来平滑图像。众所周知，对于图像滤波而言，小尺度高斯核可以保留更多的边缘细节，但对噪声比较敏感；大尺度高斯核去噪效果好，但会丢失边缘强度，因此选择两组高斯核，一组尺度较小，另一组尺度较大。

第一组实验中选择了小尺度的高斯核，具体参数如下：标准差 σ 设为 1，s 为 1.5，实验结果表明，二值化阈值权重系数 α 为 0.2 时，边缘检测结果最优。Roberts、Prewitt 和 Sobel 算法的最优结果分别如图 3.3(a)～(c)所示。同时，图 3.3(d)～(g)分别显示了三组描述子 $\text{VLEP}_{P,R}^{\theta}$ 的实验结果，图 3.3(h)～(j)给出了多组 $\text{VLEP}_{P,R}^{\theta}$ 描述子的加权融合结果。

另一组实验使用了大尺度的高斯核，具体参数如下：标准差 σ 为 2，s 为 3.5。当系数 α 为 0.15 时，最优结果如图 3.4 所示。图 3.4(a)～(c)分别是 Roberts、Prewitt 和 Sobel 边缘检测方法的结果，其余是本章所提方法的结果。通过采用加权融合方法，取得了如图 3.4(h)～(j)所示的结果。

(a) 原始彩色图像　　　　　　　　(b) 相应的灰度图像

图 3.2　实验图像（见彩插）

(a) Roberts 方法　　　　　　　　(b) Prewitt 方法

(c) Sobel 方法　　　　　　　　(d) VLEP$_{8,1}^{\theta}$（$P=8$，$R=1$）

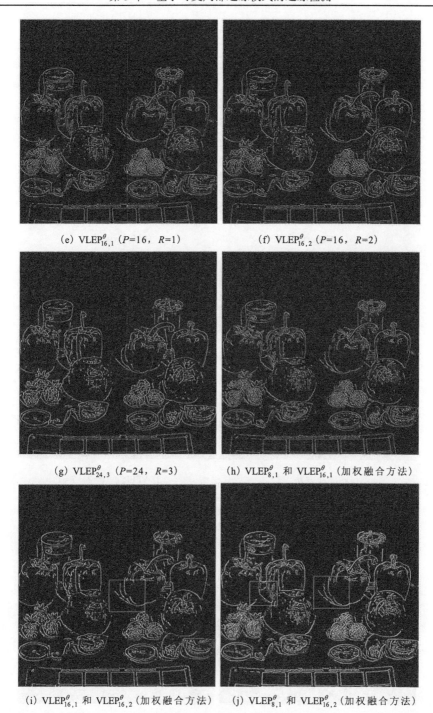

(e) $\mathrm{VLEP}_{16,1}^{\theta}$ $(P=16,\ R=1)$　　　　　(f) $\mathrm{VLEP}_{16,2}^{\theta}$ $(P=16,\ R=2)$

(g) $\mathrm{VLEP}_{24,3}^{\theta}$ $(P=24,\ R=3)$　　　　(h) $\mathrm{VLEP}_{8,1}^{\theta}$ 和 $\mathrm{VLEP}_{16,1}^{\theta}$(加权融合方法)

(i) $\mathrm{VLEP}_{16,1}^{\theta}$ 和 $\mathrm{VLEP}_{16,2}^{\theta}$(加权融合方法)　　　(j) $\mathrm{VLEP}_{8,1}^{\theta}$ 和 $\mathrm{VLEP}_{16,2}^{\theta}$(加权融合方法)

图 3.3　边缘检测结果(使用小尺度高斯核)

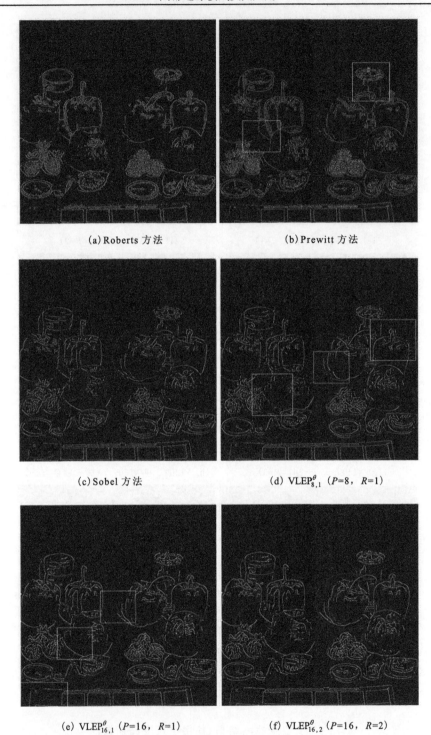

(a) Roberts 方法　　　　　　　　　　(b) Prewitt 方法

(c) Sobel 方法　　　　　　　　(d) VLEP$_{8,1}^{\theta}$ ($P=8$, $R=1$)

(e) VLEP$_{16,1}^{\theta}$ ($P=16$, $R=1$)　　　　　　(f) VLEP$_{16,2}^{\theta}$ ($P=16$, $R=2$)

(g) $\mathrm{VLEP}_{24,3}^{\theta}$ ($P=24$，$R=3$) 　　　 (h) $\mathrm{VLEP}_{8,1}^{\theta}$ 和 $\mathrm{VLEP}_{16,1}^{\theta}$（加权融合方法）

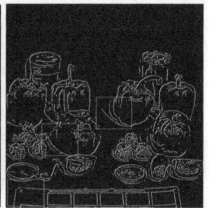

(i) $\mathrm{VLEP}_{16,1}^{\theta}$ 和 $\mathrm{VLEP}_{16,2}^{\theta}$（加权融合方法）　　　 (j) $\mathrm{VLEP}_{8,1}^{\theta}$ 和 $\mathrm{VLEP}_{16,2}^{\theta}$（加权融合方法）

图 3.4 　边缘检测结果（使用大尺度高斯核）（见彩插）

通过实验结果图，从以下几个方面进行深入分析。

（1）高斯内核尺度：使用同一种方法进行边缘检测，小尺度的结果较大尺度的结果检测到的边缘细节更多，然而噪声也较多。说明高斯内核尺度越大，图像越平滑，同时也丢失了边缘强度信息。

（2）对比算法：如图中椭圆区域所示，使用 Roberts、Prewitt 方法检测边缘，噪声远远多于 Sobel 方法和本章所提方法；而本章所提方法在连通性上要好于 Sobel 方法，说明本章所提方法可以在尽可能消除噪声的基础上保留更多的边缘细节。

（3）单组 VLEP 描述子：使用一组 VLEP 描述子对图像进行边缘提取时，

描述子半径 R 越大，被提取的边缘尺度空间越大；描述子近邻点个数 P 越多，边缘方向越多，分辨率越高，但是 P 的取值不一定越大越好。可以看出当大尺度高斯内核平滑图像，即使用 $VLEP_{16,2}^{\theta}$ 描述子时，边缘检测结果最优，提取的边缘更加清晰明显。因为一组 $VLEP_{16,2}^{\theta}$ 描述子包含了 8 种边缘方向，且提取的边缘尺度适中，所以其他方向上必要的边缘信息可以被检测到，同时高斯内核尺度的选择平衡了边缘强度信息的保留与噪声的抑制。

(4) 多组 VLEP 描述子融合：当使用不同尺度、相同分辨率的 VLEP 描述子时，如图 3.3(i) 和图 3.4(i) 所示，边缘的单一响应性好，噪声相对较少；当使用不同尺度、不同分辨率的 VLEP 描述子时，如图 3.3(j) 和图 3.4(j) 所示，边缘更加清晰，但是单一响应性较差，噪声点也较多；当使用相同尺度、不同分辨率的 VLEP 描述子时，相当于 $VLEP_{16,1}$ 的 8 种方向描述子中，在 0°、45°、90° 与 135° 方向上与 $VLEP_{8,1}^{\theta}$ 描述子进行了边缘强度的二倍叠加，由于边缘点出现在这四个方向上的概率最大，所以更有利于边缘检测，如图 3.3(h) 和图 3.4(h) 所示。

(5) 单组与多组融合比较：使用多组描述子加权融合方法对待测图像进行边缘检测具有更优越的性能，如图 3.3 和图 3.4 中方形区域所示，融合方法具有多尺度与多分辨率的特性，提取多方向边缘信息的同时，也融合了图像空间尺度信息，使检测到的边缘连通性更好，边缘也更加平滑显著，然而，多组加权融合的结果会比单组检测产生更多的噪声点。因此使用者需要依据边缘检测的侧重点，选择单组或多组融合的边缘检测方法。

实验结果表明，本章提出的方法在定位精度和检测边缘连续性方面明显优于经典的 Roberts、Prewitt 和 Sobel 方法。

此外，给出另一组关于真实场景图像的实验结果，以说明本章所提方法的有效性。图 3.5(a) 是像素为 640×364 的原始彩色图像，图 3.5(b) 是对应的

(a) 原始彩色图像　　　　　　　　　　(b) 对应灰度图像

图 3.5　实验图像 (见彩插)

灰度图像，图 3.6 是利用不同的检测方法所获得的边缘检测结果，实验中具体参数为：所有标准差 σ 为 2，s 为 3.5，α 为 0.15。

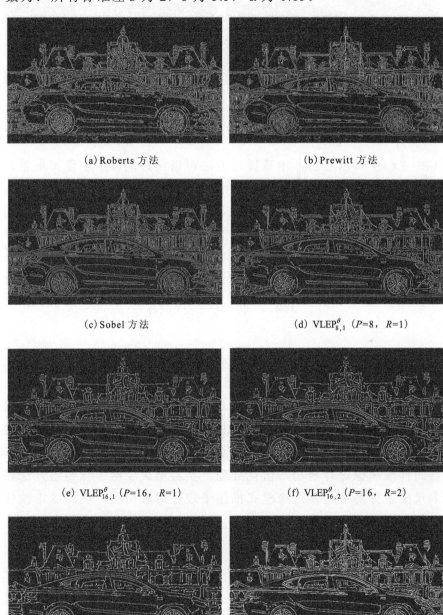

(a) Roberts 方法

(b) Prewitt 方法

(c) Sobel 方法

(d) $\mathrm{VLEP}_{8,1}^{\theta}$ ($P=8$，$R=1$)

(e) $\mathrm{VLEP}_{16,1}^{\theta}$ ($P=16$，$R=1$)

(f) $\mathrm{VLEP}_{16,2}^{\theta}$ ($P=16$，$R=2$)

(g) $\mathrm{VLEP}_{24,3}^{\theta}$ ($P=24$，$R=3$)

(h) $\mathrm{VLEP}_{8,1}^{\theta}$ 和 $\mathrm{VLEP}_{16,1}^{\theta}$ (加权融合方法)

(i) $\text{VLEP}_{16,1}^{\theta}$ 和 $\text{VLEP}_{16,2}^{\theta}$（加权融合方法）　　(j) $\text{VLEP}_{8,1}^{\theta}$ 和 $\text{VLEP}_{16,2}^{\theta}$（加权融合方法）

图 3.6　边缘检测结果

从图 3.6 中可以看出，本章提出方法可以很好地应用于现实场景，比其他三种方法具有更强的抗噪性；在边缘检测的连续性方面，本章提出方法明显优于 Roberts、Prewitt 和 Sobel 等方法；当使用一组描述子时，检测到的边缘更清晰；近邻数 P 对单一边缘响应的唯一性影响很大，因此应当选择合适的 P 值。

3.4　本章小结

传统的边缘检测描述子无法从多尺度和多分辨率的角度检测边缘信息，而本章提出一种全新的基于 VLEP 的边缘检测算法，以克服传统方法带来的缺陷。首先使用高斯核平滑原始图像，并抑制噪声。随后，使用一组灵活的圆形边缘检测描述子 $\text{VLEP}_{P,R}^{\theta}$ 来检测边缘信息。此外，考虑利用加权融合思想，同时使用多组 VLEP 描述子进行边缘检测。最后，通过设置适当的阈值，对获得的梯度图像进行全局二值化处理。实验结果表明，与传统方法相比，使用多尺度多分辨率局部边缘模式描述子进行边缘检测，在边缘连续性、平滑性、单一性、定位精度等方面获得了更好的性能。

参 考 文 献

[1] Chong J, Chen T H, Ji L H. License plate recognition based on edge detection algorithm//The 9th International Conference on Intelligent Information Hiding and Multimedia Signal Processing, Beijing, 2013.

[2] Choi C, Christensen H I. 3D textureless object detection and tracking: an edge-based approach//The International Conference on Intelligent Robots and Systems, Vilamoura, 2012.

[3] Subudhi B N, Patwa I, Ghoshand A, et al. Edge preserving region growing for aerial color image segmentation//Proceedings of Intelligent Computing, Communication and Devices, New York, 2015.

[4] Kaurand B, Garg A. Mathematical morphological edge detection for remote sensing images//The 3rd International Conference on Electronics Computer Technology, Hyderabad, 2011.

[5] Krishnamoorthy R, Sathiya D S. Image retrieval using edge based shape similarity with multiresolution enhanced orthogonal polynomials model. Digital Signal Processing, 2013, 23(2): 555-568.

[6] Shrivakshan G T, Chandrasekar C. A comparison of various edge detection techniques: used in image processing. International Journal of Computer Science, 2012, 9(5): 272-276.

[7] Gao W S, Yang L, Zhang X G, et al. An improved sobel edge detection//The International Conference on Instructional and Computer Technology, Chengdu, 2010.

[8] Benayed S. Developing kinect-like motion detection system using Canny edge detector. IEEE Transactions on Pattern Analysis and Machine Intelligence, 2014, 8(6): 679-698.

[9] Lopez-Molina C, Baets B D, Bustince H, et al. Multiscale edge detection based on Gaussian smoothing and edge tracking. Knowledge Based Systems, 2013, 44: 101-111.

[10] Wang Y, Zhao Y S, Cai Q, et al. A varied local edge pattern descriptor and its application to texture classification. Journal of Visual Communication and Image Representation, 2016, 15(1): 108-117.

[11] Senthilkumaran N, Rajesh R. Edge detection techniques for image segmentation: a survey of soft computing. International Journal of Recent Trends in Engineering, 2009, 1(2): 250-254.

[12] Lindeberg T. Scale-space theory: a basic tool for analysing structures at different scales. Journal of Applied Stats, 1994, 21(2): 224-270.

[13] Wei H, Xiao J. A shape-based object class detection model using local scale-invariant fragment feature//IEEE International Conference on Image Processing, Quebec, 2015.

[14] Rodner E, Freytag A, Bodesheim P, et al. Large-scale Gaussian process classification with flexible adaptive histogram kernels//European Conference on Computer Vision, Berlin, 2012.

[15] Kitayama S, Yamazaki K. Simple estimate of the width in Gaussian kernel with adaptive scaling technique. Journal of Applied Soft Computing, 2011, 11(8): 4726-4737.

[16] Shrivakshan G T, Chandrasekar C A. comparison of various edge detection techniques used in image processing. International Journal of Computer Science Issues, 2012, 9(5): 272-276.

[17] Doronicheva A V, Sokolov A A, Savin S Z. Using Sobel operator for automatic edge detection in medical images. Journal of Mathematics and System Science, 2014, 4(4): 257-260.

[18] Jena K K. Result analysis of different image edges by applying existing and new techniques. International Journal of Computer Science and Information Technology and Security, 2015, 5(1): 183-189.

[19] Wang Y, Zhang N, Yan H X. Using local edge pattern descriptors for edge detection. International Journal of Pattern Recognition and Artificial Intelligence, 2018, 32(3): 1-16.

第 4 章 基于可变局部边缘模式的普通绿色植物物种识别

绿色植物物种识别在植物资源的保护与利用、阐明植物的进化规律、探索植物间的亲缘关系、保护监控生态环境、农业与园艺应用等诸多方面都有着重要的应用前景和潜在的经济价值。随着计算机科学技术的进步，模式识别与图像处理技术得到了长足的发展，通过计算机技术替代传统人工手段进行高效的自动化植物物种识别，已经引起了研究人员的广泛关注，如何使用数字图像处理技术提取植物特征，从而实现识别分类，一直都是计算机视觉领域的核心研究课题。本章重点对绿色植物物种的特征提取及识别进行了较为深入的研究，分别提出基于可变局部边缘模式（VLEP）与小波变换、主导学习框架的绿色植物物种识别方法。

4.1 基于小波变换与 VLEP 的绿色植物物种识别

4.1.1 研究背景

植物是地球上最广泛存在的生命形式之一，同人类生活密切相关，植物的分类和识别是植物学研究和农业生产的基本工作，在探索植物自身价值、生态监控和物种多样性保护等方面具有重要意义。植物分类主要根据植物表观特性进行，传统识别方法需要人工观察和度量大量植物样本，效率低下，对于非专业人士来说很容易出错。

因为植物表观特征可以通过数字图像获得，所以计算机辅助技术是一种非常有潜力的植物分析和分类方法。叶片是植物非常明显的外在形态学特征，不同植物的叶片颜色、形状和纹理并不相同，因此叶片经常被用来进行植物物种的分类。大多数研究倾向于识别脱离植物的单片叶片[1,2]，主要思想是提取叶片的形状特征。文献[3]提出一种基于形状特征的方法进行植物叶片识别，叶片的边缘和裂片非常明显，对叶片图像进行阈值分割、形态学运算、二值化处理，然后从二值图像中提取 8 种特征，用来描述叶片的形状，并使用皮尔逊相关系数分析方法和主成分分析方法，确定对应最大贡献的 5 种主成分，用于分类任务，最后使用反向传播(back propagation，BP)神经网络作为分类器，挖掘形态学特征和分类结果之间存在的非线性关系。Wang 等[4]提出一种形状描述子，称为 Chord 特征矩阵，这种描述子能够充分描述边缘轮廓的几何特征，因此可以用于植物叶片的分类和检索。然而，上述方法受限于图像质量，例如，图像不允许有背景干扰和边缘破损等情况出现。但是，在真实世界中，收集到的植物图像通常具有复杂的背景信息，叶片分布是随机的，经常存在交叠现象，因此很难获得完整叶片形状，同时，这些方法仍然需要大量的人工成本，为了提高植物识别的有效性，有必要研究自然和复杂背景条件下植物叶片的自动识别方法。众所周知，叶片包含丰富的纹理信息，因此选择纹理特征识别植物叶片是可行的。

纹理定义为物体的视觉或触觉表面特征或外观[5]，并且是解释和理解自然物体的重要信息。纹理特征用于单叶片植物识别获得了很好的结果，文献[6]提出了一种基于灰度方向共生矩阵的纹理特征提取方法，文献[7]使用 Gabor 小波提取植物叶片的多尺度纹理特征，然后使用径向基概率神经网络进行分类。除上述方法外，纹理特征提取还包括灰度共生矩阵(gray level co-occurrence matrix，GLCM)[8]、分形模型[9]、局部二值模式[10]等方法。植物图像的复杂背景等不利因素，导致叶片区域小，缺乏清晰的纹理信息，因此传统的纹理特征提取方法不能有效识别复杂的植物图像。

为了提高识别率，根据复杂植物图像特征，本节提出一种基于小波变换和 VLEP[11]的绿色植物识别方法，同时考虑分块融合和多分辨率融合思想，使得提取的纹理特征更加准确和丰富，本节所提方法框架如图 4.1 所示。

4.1.2 研究方法

(1)小波变换。

当拍摄植物图像时，拍摄距离、光照等其他因素会影响图像中植物叶片区域的尺度、亮度和颜色等信息，导致叶片纹理信息不够清晰。小波变换能够有效增强纹理基元的信息，小波分析系统在时间域与频域之间进行局部转换，二维小波分解[12]的小波函数和尺度函数是通过对一维小波函数和尺度函

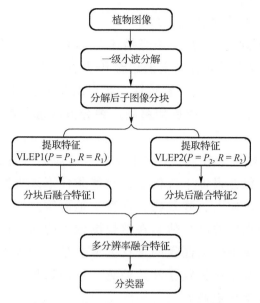

图 4.1　本节所提方法框架示意图

数做向量积得到的。它能将尺度为 j 的低频信号 cAj 分解成如图 4.2 所示的 4 部分，包括一个低频分量和水平、竖直、对角线三个方向的高频分量，尺度会随着 j 值的增加而加倍，但分辨率却随之变为原来的一半，每个层次的变换中，图像都变成 4 个原图像 1/4 大小的子图像，具体分解公式如下：

$$\{cAj+1,\ cHj+1,\ cVj+1,\ cDj+1\} \tag{4.1}$$

其中，$cAj+1$ 表示分解后的低频分量，$cHj+1$ 表示分解后的水平高频分量，$cVj+1$ 表示分解后垂直高频分量，$cDj+1$ 表示分解后的斜线方向高频分量。

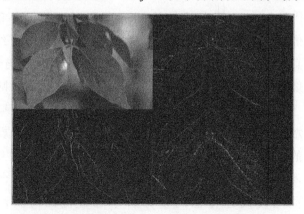

图 4.2　一级小波分解后的绿色植物图像

(2) 基于 VLEP 的边缘特征提取。

根据文献[11]所述方法,局部边缘描述子 $VLEP_{P,R}^{\theta}$ 可以通过设置不同的半径和近邻点,提取图像中不同方向上的边缘和非边缘纹理特征。具体方法请参考 2.3.1 节。为了保证特征向量的紧致性,可以对特征空间做进一步细分,使得每种类型边缘和非边缘的分类更加精确,细分方法请参考 2.3.2 节。

(3) 分块融合思想。

图像中每个区域中的纹理是不同的,一些区域也许包含很多有效的信息,而另一些区域也许包含很多干扰信息。自然条件下采集的植物图像一般包含复杂的背景和干扰,如人、建筑物、混凝土地面等,这些干扰信息会导致真正能用来进行物种识别的叶片信息在整幅图像中的面积比例较小。对图像做分块处理,整幅图像中较大面积的干扰区域会被分割到不同的子块图像中,这样能保证部分子块图像只包含叶片信息,利用这种子块图像进行特征提取和识别,分类准确度会更高。

分块思想[13]要求提取的图像特征以直方图形式表达,以方便后续的子块图像进行特征融合。将原始图像均匀分割成若干子块后,针对子块图像计算其像素的特征值,构建特征直方图,然后所有子块图像的特征直方图进行串联融合,得到一个新的特征直方图,即为完整图像的特征向量,可以用下式表示:

$$S = [s_1, s_2, \cdots, s_N] \tag{4.2}$$

其中,N 表示子块的个数,$s_i (i=1,2,\cdots,N)$ 表示第 i 个子块的直方图特征向量,S 表示整幅原始图像的直方图特征向量。

(4) 多分辨率融合。

通常图像中既包含一些大结构特征,也存在一些微小的细节特征[14]。对于同一幅图像,利用支持不同空间范围(P 和 R 不同)的纹理描述子提取的图像特征信息是不同的。对于边缘检测描述子来说,描述子尺度过小,很难检测出图像中的大尺度边缘特征,描述子尺度过大,则容易忽略细节边缘信息。为了尽可能完备地描述图像信息,可以采用基于不同尺度边缘描述子的多分辨率融合思想提取特征。VLEP 描述子模板的圆形结构,方便设置不同的 P、R 值,获得不同方向、不同尺度的边缘描述子,进而提取出图像中不同尺度的边缘特征,此外,使用串联融合策略,能够获得同时描述不同尺度纹理特征的多分辨率融合特征向量,更加准确、完整地描述图像信息,符合人类视觉特点。

(5)分类器。

分类是图像处理的必要阶段,判断两幅图像是否属于同一类别的依据,主要是两幅图像特征向量间的相似性。衡量两个特征向量之间的相似程度最常用的标准是两者之间的最小距离,因为其原理简洁明了,计算过程不复杂,不需耗费过多的时间[15],在图像分类领域获得了极为普遍的应用。使用最近邻分类器的场合要求图像特征是以直方图向量形式表示的,其主要运算流程如下:将图像分为训练集和测试集,训练集中的植物图像带有类别标签,对于同类植物图像,分别计算每幅图像的特征直方图,然后对同类别下所有图像的特征直方图,按通道数一一对应的方式求平均值,得到一个平均特征直方图,作为综合表征该类植物的类特征向量。对于测试集中的图像,计算图像的特征直方图,并求出其与训练集中每个类特征向量之间的距离,再比较这些距离值的大小,距离越小,代表向量间的相似程度越高,据此可判定待分类图像的类别。本节实验选择计算向量间的欧氏距离作为相似度的衡量准则,即

$$D(\hat{H}_{\text{train}}, \hat{H}_{\text{test}}) = \sqrt{\sum_{j=1}^{N} [\hat{H}_{\text{train}}(j) - \hat{H}_{\text{test}}(j)]^2} \tag{4.3}$$

其中,$\hat{H}_{\text{train}}$ 指训练集中表征某一类植物图像的特征向量,$\hat{H}_{\text{test}}$ 表示测试图像的特征向量,N 表示特征向量的维数,D 为两特征向量之间的欧氏距离。

(6)算法流程。

本节提出一种基于小波变换和 VLEP 的绿色植物物种识别方法,主要思路是:先利用小波变换,将植物图像分解成 4 幅子图像,再将每幅子图像分成两块,并使用不同分辨率的 VLEP 描述子对每个子块图像进行特征提取,然后将不同图像块、不同分辨率的特征向量进行融合,利用融合特征向量进行分类。算法具体流程如下:

①使用一级小波分解和式(4.1)将植物图像分解成 4 幅子图像。

②将每幅子图像再等分成 2 块,得到 8 个图像块。

③利用不同分辨率的 VLEP 描述子和式(2.4)提取图像块的边缘特征,生成图像块的特征向量。

④将不同图像块、不同分辨率的特征向量按照式(4.2)进行串联融合,获得整幅图像的融合特征向量。

⑤融合特征向量使用最近邻分类器和式(4.3)进行分类。

4.1.3　实验结果与分析

（1）绿色植物纹理数据库。

为了满足数据库的完整性、可用性以及持续性要求，北京工商大学自主建立了绿色植物数据库，以自然环境下的绿色植物为拍摄对象，共采集了200多种植物标本，包含了近万幅不同条件下的绿色植物图像，根据参考条件，经过严格筛选，剔除了一些质量不高或者相似的图像，每一类植物剩余至少15幅有效可用的图像。筛选的参考条件：植物数量（多株与单株）、叶片大小、背景复杂度、有无遮挡、姿态差异、光照强度、拍摄角度及尺度等。

通过实地考察，记录了植物的多种特征，运用统计学、概率学以及分类学科的知识，与已查阅资料进行对比，准确分辨每类植物的名称并记录，之后搜集了每类植物的详细介绍，最终整理完成了对于每类植物的具体记录文件，使数据库功能更加完善。该植物数据库的建立不仅为识别技术的研究提供了大量的实验样本及数据，同时也为判别算法的有效性提供了科学、客观及公正的平台。

在后续实验中，均选取数据库前80类植物图像，均是在不同光照强度、不同拍摄角度和不同拍摄距离的情况下拍摄，每类植物 15 幅图像，像素为500×331，实验时选择其中 11 幅图像作为训练样本，其余 4 幅作为测试样本，故训练集为 660 幅植物图像，测试集为 240 幅植物图像。该数据库中的图片均在自然状态下拍摄，植株数量不定（多株与单株），光照不同，尺度不同，且常常伴有建筑、地面、栅栏等复杂背景信息，对物种识别造成不利影响，但却最大限度地模拟了绿色物种识别的真实情况，更具实际意义。图 4.3 展示了数据库中几幅不同条件下采集的木槿植物典型图例。

为了证明算法有效性，精心设计了一系列实验，实验编译环境为 MATLAB 2013b，硬件环境为 PC 机，处理器：Intel（R）Core（TM）i7-4790，CPU@3.60GHz，内存 4.00GB。

(a)单叶片与多叶片

(b)强光照与弱光照

(c)大视角与小视角

图 4.3　绿色植物物种数据库图例(见彩插)

(2)不同尺度、不同分辨率 VLEP 描述子的识别结果。

为了验证不同尺度和不同分辨率 VLEP 描述子对实验结果的影响，通过设置不同近邻点 P 和半径 R，得到不同尺度和不同分辨率的识别结果，如表 4.1 所示(8 细分阈值)。

表 4.1　不同尺度 VLEP 描述子的识别结果　　　　　(单位：%)

	$R=1$	$R=1.5$	$R=2$
$P=8$	26.67	25.41	24.58
$P=12$	25.00	28.33	26.25
$P=16$	24.58	27.08	27.92

由实验结果可知，近邻点 P、半径 R 的取值具有一定的对应关系，当近邻点 P 不变但较小时，例如，当近邻点 P 设置为 8，识别率随着半径 R 增大而降低，因为近邻点不变时，半径越大，近邻点越稀疏，抓取的图像信息就越不可靠，对于小尺度特征，大尺度模式描述子无法提取，如同大单位刻度尺由于精度不够无法度量小距离一样，而大尺度特征，由于近邻点过少，细节信息无法获取，如同香农定理中，采样频率过少无法复原原始信号一样。而当近邻点较大时，例如，P 为 16，识别率随着半径的增大而增大，表示近邻点足够时，半径越大，抓取的信息越丰富。当近邻点和半径设置适当时，可以最大限度挖掘图像的信息，获得最佳的识别结果，例如，当 $P=12$、$R=1.5$

时，识别率最高，达到 28.33%，当 $P=16$、$R=5$ 时，识别率为 34.38%。

（3）阈值细分的作用。

为了验证阈值细分的作用，选用 $(P=8，R=1)$、$(P=12，R=1.5)$ 和 $(P=16，R=2)$ 三种 VLEP 描述子，并设置不同细分阈值进行实验，表 4.2 展示了这一系列实验的结果。

表 4.2　不同细分阈值下 VLEP 描述子的识别结果　　　　（单位：%）

	$P=8，R=1$	$P=12，R=1.5$	$P=16，R=2$
8 阈值	26.67	28.33	27.92
16 阈值	27.50	28.75	28.33
24 阈值	24.58	25.83	27.08

由表 4.2 可知，阈值选择要恰当，过大或过小的细分阈值都会影响识别率，阈值过小，更多不同种类特征强制分为一类，引起同类判别信息混淆，阈值过大，每一类样本过少，强判别信息离散化，数据不紧致，影响识别效果。实验证明最优阈值为 16 时，识别率最高。因此，后续实验都在阈值为 16 的情况下进行。

（4）小波和分块的作用。

为了验证小波变换的作用，先对原始图像进行一级小波分解，生成 4 个子图像，然后用 VLEP 描述子提取每个子图像的纹理特征，最后将 4 个特征向量串联为 1 个特征向量，并用于识别。为了验证分块的作用，将小波分解后生成的 4 个子图像分别均分成 2 块，如图 4.4 所示，然后用 VLEP 描述子提取每个图像子块的纹理特征，最后将 8 个特征向量串联为 1 个特征向量，并用于识别，识别结果如表 4.3 所示（16 细分阈值）。

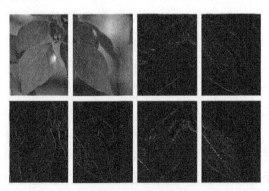

图 4.4　绿色植物子图像分块

表 4.3　小波和分块的识别结果　　　　　　　(单位：%)

	$P=8$, $R=1$	$P=12$, $R=1.5$	$P=16$, $R=2$
VLEP	27.50	28.75	28.33
VLEP+小波	29.17	32.50	32.92
VLEP +小波+分块	29.58	33.75	33.33

比较表 4.2 与表 4.3 可知，因为小波变换能够减少光照和噪声的影响，有效增强纹理基元信息，有助于 VLEP 描述子对边缘特征的提取，所以明显提高复杂背景下绿色植物的识别率，此外，分块思想也能进一步提高识别率。

(5)多分辨率融合作用。

为了验证多分辨率融合思想的有效性，使用不同分辨率的 VLEP 描述子加权融合，识别结果如表 4.4 所示(16 细分阈值，一级小波分解，每个子图分为 2 块)。

表 4.4　多分辨率融合实验结果　　　　　　　(单位：%)

	$P=8$, $R=1$	$P=8$, $R=3$	$P=8$, $R=5$
$P=16$, $R=1$	32.29	33.13	35.21
$P=16$, $R=3$	**35.83**	34.38	35.21
$P=16$, $R=5$	35.21	35.42	35.00

通过比较表 4.3 与表 4.4 的结果可以看出，使用不同分辨率描述子的加权融合思想较单一尺度描述子可以进一步提高识别率，这主要是因为不同尺寸、不同分辨率的描述子能够完成对不同尺度空间和不同方向上边缘信息的提取，对图像特征的描述更加细致、丰富，提升了分类的准确性。当($P=8$, $R=1$)和($P=16$, $R=3$)融合时，识别率最高，达到 35.83%，融合更多种类的 VLEP 描述子还会获得更高的识别率，例如，当($P=8$, $R=1$)、($P=12$, $R=1.5$)和($P=16$, $R=1$)三种不同尺度描述子提取的边缘特征向量融合时，识别率为 45.42%。

(6)不同方法的对比试验结果。

为了显示提出方法[16]的有效性，与相同条件下的其他方法进行了比较，具体包括旋转不变方差(rotation invariant variance)[10]、混合局部二值模式(compound local binary pattern，CLBP)[17]、局部二值模式直方图傅里叶(local binary pattern histogram Fourier，LBP-HF)[18]、自适应局部二值模式(adaptive local binary pattern，ALBP)[19]、局部二值模式方差(local binary pattern variance，LBPV)[20]等纹理方法，以及 Canny、Roberts、Prewitt、Sobel 等边缘提取方法，实验结果如表 4.5 所示。

表 4.5 对比方法实验结果 （单位：%）

方法	$P=8$，$R=3$	$P=16$，$R=5$
$LBPV_{P,R}$	19.79	21.88
$VAR_{P,R}$	24.58	24.79
$CLBP_{P,R}$	25.00	29.58
$LBPHF_{P,R}$	29.58	29.79
$ALBP_{P,R}$	29.79	33.13
Canny	21.25	
Roberts	20.42	
Prewitt	27.08	
Sobel	27.92	
本节所提方法	**45.42**	

从表 4.5 的实验结果可以看出，本节所提方法识别率达到 45.42%，远远高于其他纹理方法和边缘提取方法，证明了本节所提方法的优越性。这主要是因为传统边缘描述子大都是方形结构，只能提取 2 个方向或 4 个方向的边缘信息，植物图像中的边缘特征很多，边缘的方向种类丰富，而 VLEP 描述子是圆形结构，可以灵活地调整描述子的尺度和方向，从而适应对多种方向上的边缘信息以及多种尺度边缘信息的提取，小波变换用于消除不均匀光照的影响，分块和多分辨率融合思想可以提取更加丰富和完备的纹理特征，所以本节所提方法对噪声和光照不敏感，更加适合复杂背景下绿色植物物种的识别。

这里需要指出的是，现存绿色植物识别方法大都基于单叶片识别，然而，本节的植物物种图像均具有复杂背景信息，属于细粒度图像分类，更具有挑战性，因此，与传统方法相比，实验结果中识别率即使是小幅度的提升，对于自然和复杂背景下的绿色物种识别也具有非常重要的意义。

4.2 基于主导学习框架与 VLEP 的绿色植物物种识别

4.2.1 研究背景

纹理可以定义为物体视觉或触觉的表面特征与表观[5]，是高水平解释和理解自然物体的有力信息。Tamura 等[21]认为纹理特征主要包括六大基本特征：线状、粗糙度、方向性、对比度、规则性和粗略度。纹理特征在计算机视觉中有着相当重要的应用，相似纹理图像分类也逐渐成为了图像处理、模式识别领域中的热点研究课题。最初，比较著名的纹理分类方法有共生矩阵法[8]和基于滤波的方法[22]，但是这些方法要求测试图像和训练图像来自同一个视角，一旦视角不同，分类准确率便会急剧下降。为了适应更多的实际需要，Kashyap 和 Khotanzad[23]率先使用自回归循环模型作为旋转不变量纹理分类方法，随后又出现了许多其他模型。小波理论的引入为时频多尺度纹理分析提供了一个统一的框架[24]，各种基于小波变换的纹理特征提取方法相继出现，尽管基于小波理论的纹理描述方法得到了很好的研究，但是滤波器组的选择问题仍然有待解决。近年来，Ojala 等[10]提出了局部二值模式(LBP)纹理描述子。利用 LBP 描述子提取纹理特征，计算复杂度小，有快速的计算输出，对图像的单一灰度变化具有多尺度特性和旋转不变性。然而，LBP 不能完全表示图像的局部空间结构。在局部二值模式的基础上出现了许多新方法，并取得了良好的纹理分类结果，例如，局部二值模式直方图傅里叶(LBP-HF)[25]、局部二值模式方差(LBPV)[26]、自适应局部二值模式(ALBP)[27]、局部三值模式(LTP)[28]等。

在人类视觉系统识别物体时，关注的重要纹理特征有边缘方向性、对比度和粗糙度[29]。为此，本节从分析相似纹理的边缘方向性入手，利用 VLEP 提取纹理边缘特征，该纹理特征是在含有多个像素点的邻域中进行统计计算的。在模式分类中，区域统计特征具有很大的优越性，但是也存在缺乏全局形状和空间表示等缺陷，尤其当图像分辨率发生变化，或者图像受到光照、反射的影响时，计算得到的纹理可能会出现较大偏差。在分类研究中，判别准则要求类内距离小，类间距离大，而区域统计方法在上述不利条件下得到的纹理特征很大程度上不满足判别准则，因此，本节在 VLEP 基础上提出主导学习框架的分类方法，通过构建全局主导模式集来解决上述相似纹理分类的难题。

4.2.2　研究方法

(1)基于 VLEP 的边缘特征提取。

利用 VLEP 描述子可以提取图像的边缘特征，并得到边缘纹理直方图特征向量。具体方法请参考 2.3.1 节。

（2）主导学习框架。

主导学习框架的主要依据是类内、类间距离准则，包括以下三个主要步骤：构建每幅图像的主导模式集、构建同类图像的主导模式集、构建全局主导模式集。

①构建同类主导模式集。

由于同一类相似图像的不同样本之间纹理可能会因为光照、反射等条件或其他失真原因影响物体的表面特征，使得理想情况下的同类相似图像具有的相同模式集变得不再可靠，失真之后只有部分模式成为不同样本共同的模式，所以需要构建主导模式集，从而使得类内距离变小。如图 4.5 所示，S_1、S_2、S_3、S_4 分别为同一类的相似图像的 4 个不同样本，原本经过 VLEP 方法得到 12 维的图像边缘特征向量 H'，每一维 p_i 代表一个模式，则理想状态下同一类图像之间具有的共同模式集为 $p_1 \sim p_{12}$，纹理受光照、反射影响或其他失真之后，S_1、S_2、S_3、S_4 只有 p_1、p_7、p_{11} 模式为共同的模式，因此 p_1、p_7、p_{11} 成为该类的主导模式集。

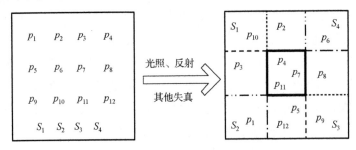

图 4.5　构建一类样本的主导模式集示意图

设实验数据库总共包含 A 类，第 a_1 类中有 n_{a_1} 幅训练图像 $\phi_1,\cdots,\phi_k,\cdots,\phi_{n_{a_1}}$。每幅图像均可由 VLEP 算法获取 8λ 维图像边缘特征向量 H'，为了方便叙述，将直方图每一维的频次用 f 表示，f_i 为 p_i 模式相应的频次，则第 k 幅图像的主导模式集 Set_k 需要满足

$$\mathrm{Set}_k = \arg\min\{y(\mathrm{Set}_k)\} = \arg\min\left\{\frac{\sum\limits_{l\in\mathrm{Set}_k} f_{k,l}}{\sum\limits_{i=1}^{8\lambda} f_{k,i}} \geq \delta\%\right\} \tag{4.4}$$

其中，δ 取值尽量大，通常取值为 90。具体实现流程如下。

构建第 k 幅图像 ϕ_k 的主导模式集：

输入 8λ 维边缘特征向量 H_k' 。

初始化一个主导模式集的基准向量 Vec，其中，$\text{Vec}[i]=i-1$ $(i=1,2,\cdots,8\lambda)$，即 $\text{Vec}=[0,1,\cdots,(8\lambda-1)]$ 。

按照频次 f_i 大小降序排列，得到 $\hat{f}_i$ 与对应的 $\widehat{\text{Vec}}$ 。

for $i=1:8\lambda$

$$\text{if}\left(\left(\frac{\sum\limits_{l=1}^{i}\hat{f}_{k,l}}{\sum\limits_{l=1}^{8\lambda}\hat{f}_{k,l}}\right)\geqslant\delta\%\right)$$

　　　break;

　end if

　end for

获得图像 ϕ_k 的主导模式集 $\text{Set}_k=\{\widehat{\text{Vec}}[1],\cdots,\widehat{\text{Vec}}[k]\}$ 。

第 a_1 类所有训练图像 $\phi_1,\cdots,\phi_{1k},\cdots,\phi_{n_a}$ 的主导模式集 $\text{Set}_1,\cdots,\text{Set}_k,\cdots,\text{Set}_{n_a}$ 分别被确定之后，构建 a_1 类图像的主导模式集 $\text{Set}A_{a_1}$，取 a_1 类训练图像主导模式集 $\text{Set}_1,\cdots,\text{Set}_k,\cdots,\text{Set}_{n_a}$ 的交集。具体实现流程如下。

构建第 a_1 类图像的主导模式集：

输入训练图像 $\phi_1,\cdots,\phi_k,\cdots,\phi_{n_a}$ 。

初始化 $\text{Set}A_{a_1}=\text{Set}_1$ 。

for $k=1:n_{a_1}$

　　$\text{Set}A_{a_1}=\text{Set}A_{a_1}\cap\text{Set}_k$

end for

获得第 a_1 类的主导模式集 $\text{Set}A_{a_1}$ 。

②构建全局主导模式集。

根据类内、类间距离准则，不仅要满足类内距离小，还要兼顾类间距离尽量大的原则，因此采取并集关系构建全局主导模式集。

当获取到数据库中 A 类图像的主导模式集 $\text{Set}A_{a_1},\cdots,\text{Set}A_{a_j},\cdots,\text{Set}A_{a_A}$ 后，取其并集。具体实现流程如下。

构建全局主导模式集：

输入数据库中 A 类图像各自的主导模式集 $\text{Set}A_{a_1},\cdots,\text{Set}A_{a_j},\cdots,\text{Set}A_{a_A}$ 。

初始化 $\text{Set}_{\text{gol}}=\varnothing$ 。

for $j = 1 : A$

$\qquad \text{Set}_{\text{gol}} = \text{Set}_{\text{gol}} \cup \text{Set}Aa_j$

end for

获得全局主导模式集 Set_{gol}。

根据全局主导模式集中包含的所有模式，依次保留每幅图像的 8λ 维图像边缘特征向量 H' 中主导模式对应的频次，从而组成新的直方图作为每幅图像新的特征统计量 $\hat{H}$。

(3)分类器。

最近邻是一种简单有效的分类准则[15]，通过最近邻分类器可以快速地计算出两个直方图之间的相似性与差异性，本节实验也选择欧氏距离作为最近邻分类器。

4.2.3　实验结果与分析

为了验证本节算法的有效性，使用绿色植物数据库并精心设计了一系列的实验。实验的编译环境为 Matlab2013b，硬件环境为 PC 机，处理器：Intel(R) Core(TM) i7-4790，CPU@3.60GHz，内存 4.00GB。

(1)绿色植物纹理数据库。

由于同种植物可能因为季节变化呈现不同的形态，而不同植物之间叶片也有相似性，因此绿色植物识别一直是一项具有挑战的工作。本节实验所使用的绿色植物纹理数据库同 4.1.3 小节所述，这里不再赘述。

在实验中，选取前 80 类植物，每类植物设置前 6 幅为训练图像，后 9 幅作为测试图像，则训练集为 480 幅植物纹理图像，测试集为 720 幅植物纹理图像。由于图像尺寸过大，影响运行速度，所以将所有图像下采样至像素为 500×331。

(2)主导学习框架实验结果。

①不同尺度不同模式数的识别结果。

由于 VLEP 描述子的近邻点个数 P、半径 R 可以任意取值，所以，利用本节提出的算法可以得到不同尺度及不同模式数的识别结果，如表 4.6 所示。

表 4.6　不同尺度不同模式数的识别结果　　　（单位：%，$\delta = 90$）

	$R=1$	$R=2$	$R=3$	$R=5$
$P=8$	21.25	27.08	29.58	34.17

续表

	R=1	R=2	R=3	R=5
P=16	19.17	25.97	27.92	**34.72**
P=24	9.72	14.86	15.28	19.17

通过实验结果可以得到以下结论。

R 决定了纹理特征的局部空间尺度，R 越大，尺度越大。小尺度提取的纹理信息更丰富，大尺度对噪声不敏感，图像更平滑。相同近邻点的情况下，当 $R=5$ 时，识别率最高。

P 决定了边缘或非边缘模式数，P 越大，边缘或非边缘模式数越多，纹理特征更加细化；P 越小，模式数越少，计算速度快，并且涵盖了通常出现概率较大的边缘或非边缘模式。相同尺度下，当 $P=16$ 时，识别率相对来说比较高。

P 一定，R 增大，识别率升高，但是当 R 增大到一定程度时，识别率反而会下降，因为当图像与 VLEP 描述子做卷积时，无法利用邻域像素点准确描述该像素点的纹理特征。

R 一定，P 一直增大，识别率也会不升反降，因为 R 固定时，P 不断增大，将会出现邻域许多像素点重复计算的现象，导致多个近邻点位于同一像素中。

只有选取合适的 R、P 组合时，才能得到更高的识别率，就目前而言，当 $P=16$、$R=5$ 时，识别率达到最高，为 34.72%。

当 $\delta=90$ 时，由于光照、反射等原因，个别边缘或非边缘模式不再是同类图像的共同模式，并被去除，识别率整体提高，这是因为主导学习框架的主要作用就是使类间距离加大、类内距离减小。

②不同方法的识别结果。

为了更好地验证本节所提算法的有效性，相同条件下，在绿色植物纹理数据库上，使用当前比较优秀的纹理特征提取算法进行实验，表 4.7 列出了具体实验结果。

表 4.7　对比算法识别率　　　　　　　　（单位：%）

方法	(P, R)		
	(8, 1)	(16, 3)	(24, 5)
$VAR_{P,R}$	10.97	16.67	**18.47**

方法	(P, R)		
	(8, 1)	(16, 3)	(24, 5)
$LBP_{P,R}$	**23.75**	23.06	22.22
$LTP_{P,R}$	21.75	25.13	**27.14**
$LBPHF_{P,R}$	20.56	23.33	**24.13**
$LBPHF\_S\_M_{P,R}$	20.73	23.72	**24.73**
$ALBP_{P,R}$	23.21	25.00	**26.94**
本节所提方法	**34.72**		

根据表 4.7 可知，$VAR_{24,5}$、$LBP_{8,1}$、$LTP_{24,5}$、$LBPHF_{24,5}$、$LBPHF\_S\_M_{24,5}$ 和 $ALBP_{24,5}$ 识别率最高，分别达到 18.47%、23.75%、27.14%、24.13%、24.73% 和 26.94%。但是，利用本节提出的方法，识别率可以达到 34.72%。

值得注意的是，绿色植物纹理数据属于细粒度图像范畴，因此识别任务更具挑战性。本节主要为了验证所提方法的有效性，没有去除图像过多的复杂背景等不利因素，因此识别率都比较低。通常针对这种精细图像分类而言，识别率的小幅度提高也是非常不易的。此外，本节提出方法复杂度比较高，经过分析，最大耗时步骤发生在边缘特征提取阶段，一组描述子与图像分别做卷积，描述子矩阵规模为 $1 \times P$，时间复杂度为 $O(P^2)$，且要循环 $\lambda \frac{WL}{R^2}$ 次，根据 λ 与 P 的关系可知，总时间复杂度为 $O\left(P^2 \cdot \left(\frac{P}{2} + \frac{P}{4}\omega\right) \cdot \frac{WL}{R^2}\right)$，$\omega$、$\frac{WL}{R^2}$ 为常数。

4.3　本　章　小　结

本章在可变局部边缘模式基础上，分别提出基于 VLEP 与小波变换、VLEP 与主导学习框架的绿色植物物种识别方法。

基于小波变换和 VLEP 的绿色植物物种识别方法的具体思想为，首先对原始图像进行小波分解，然后利用 VLEP 描述子提取纹理图像，同时融入分块和多分辨率思想，因为 VLEP 具有多尺度和多方向（多分辨率）属性，所以能够刻画不同局部空间尺度和方向的纹理信息，小波变换能够增强纹理基元的有效信息，阻止信息混淆，减少噪声干扰。实验结果显示，同经典方法相比，提出的绿色植物物种识别方法更具有优越性，未来工作是进一步改进纹理特征提取模型，以便提高识别的准确性。

另外，基于主导学习框架和 VLEP 的绿色植物物种识别方法的具体思想是，首先构建每幅训练图像的主导模式集，其次采用交集方式构建同类训练图像的主导模式集，最终以并集方式构建全局主导模式集。主导学习框架方法在一定程度上解决了因纹理计算出现偏差，进而导致类间距离小和类内距离大的问题，经实验验证，提出方法可以有效识别绿色植物物种。

参 考 文 献

[1] Ye X L, Zhao J Y, Chen N L. Plant leaf shape description and classification based on LDA theme model. Pattern Recognition and Artificial Intelligence, 2016, 29(3): 263-271.

[2] 胡秋萍. 基于叶片形状特征的植物识别技术研究. 西安: 西安电子科技大学, 2014.

[3] Liu J, Cao F L, Gan L H. Plant identification based on leaf shape characteristics. Journal of Computer Applications, 2016, 36(a02): 200-202.

[4] Wang B, Chen L X, Ye M J. Chord-features matrices: an effective shape descriptor for plant leaf classification and retrieval. Chinese Journal of Computers, 2017, 40(11): 2559-2574.

[5] Tartavel G, Gousseau Y, Peyré G. Variational texture synthesis with sparsity and spectrum constraints. Journal of Mathematical Imaging and Vision, 2015, 52(1): 124-144.

[6] 唐钦. 基于纹理和颜色特征的植物叶片识别方法研究. 杭州: 浙江大学, 2015.

[7] Du J X, Zhai C M. Plant image recognition based on Gabor texture features//China Society of Image and Graphics, Fuzhou, 2008.

[8] Murali S, Kumar P S. Multiclass classification of mammogram images with GLCM features. International Journal of Engineering Science Technology and Research, 2015, 4(1): 56-62.

[9] 朱峰. 基于分形几何的彩色纹理图像分析方法研究. 南京: 东南大学, 2015.

[10] Ojala T, Pietikainen M, Maenpaa T. Multiresolution gray-scale and rotation invariant texture classification with local binary patterns. IEEE Transactions on Pattern

Analysis and Machine Intelligence, 2002, 24(7): 971-987.

[11] Wang Y, Zhao Y S, Cai Q. A varied local edge pattern descriptor and its application to texture classification. Journal of Visual Communication and Image Representation, 2016, 15(1): 108-117.

[12] Ren S H, Chang W G, Liu X J. A scene matching algorithm based on wavelet transform and variable scale circle template fusion. Chinese Journal of Electronics, 2011, 39(9): 2200-2203.

[13] Takala V, Ahonen T, Pietikainen M. Block-based methods for image retrieval using local binary patterns//Proceedings of the 14th Scandinavian Conference on Image Analysis, Joensuu, 2005.

[14] Shi J, Zhu H, Xing N, et al. Multi-scale time-frequency texture feature fusion algorithm for scene classification. Chinese Journal of Scientific Instrument, 2016, 37(10): 2333-2339.

[15] Huang H, Zheng X L. Hyperspectral image classification with combination of weighted spatial-spectral and KNN. Optics and Precision Engineering, 2016, 24(4): 873-881.

[16] Wang Y, Chen X M, Cai Q, et al. Common green plants recognition based on wavelet transformation and varied local edge patterns. International Journal of Pattern Recognition and Artificial Intelligence, 2018, 32(12): 1-14.

[17] Ahmed F, Hossain E, Bari A S M H, et al. Compound local binary pattern (CLBP) for robust facial expression recognition//International Symposium on Computational Intelligence and Informatics, Timisoara, 2011.

[18] Yu L, Li R F, Yu K. Multi-scale local binary pattern Fourier histogram features for facial expression recognition. Journal of Computer Applications, 2014, 34(7): 2036-2039.

[19] Guo Z H, Zhang L, Zhang D. Rotation invariant texture classification using adaptive LBP with directional statistical features//The 17th IEEE International Conference on Image Processing, HongKong, 2010.

[20] Nagendraswamy H S, Kumara B M C. LBPV for recognition of sign language at sentence level: an approach based on symbolic representation. Journal of Intelligent Systems, 2017, 26(2): 371-385.

[21] Tamura H, Mori S, Yamawaki T. Textural features corresponding to visual perception.

IEEE Transactions on Systems, Man and Cybernetics, 1978, 8(6): 460-473.

[22] He K, Zhang X, Ren S, et al. Delving deep into rectifiers: surpassing human-level performance on imagenet classification//The IEEE International Conference on Computer Vision, Chile, 2015.

[23] Kashyap R L, Khotanzed A. A model-based method for rotation invariant texture classification. IEEE Transactions on Pattern Analysis and Machine Intelligence, 1986, 8(4): 472-481.

[24] Cai J F, Dong B, Shen Z. Image restoration: a wavelet frame based model for piecewise smooth functions and beyond. Applied and Computational Harmonic Analysis, 2016, 41(1): 94-138.

[25] Ahonen T, Matas J, He C, et al. Rotation Invariant Image Description with Local Binary Pattern Histogram Fourier Features//Image Analysis. Berlin: Springer, 2009.

[26] Guo Z H, Zhang L, Zhang D. Rotation invariant texture classification using LBP variance (LBPV) with global matching. Pattern Recognition, 2010, 43(3): 706-719.

[27] Guo Z H, Zhang L, Zhang S. Rotation invariant texture classification using adaptive LBP with directional statistical features. IEEE Transactions on Image Processing, 2010: 285-288.

[28] Guo Y, Zhao G, Pietikainen M. Discriminative features for texture description. Pattern Recognition, 2012, 45(10): 3834-3843.

[29] 于文勇, 康晓东, 葛文杰, 等. 基于模糊核聚类的图像 SVM 分类辨识. 计算机科学, 2015, 42(3): 307-310.

第5章 基于完备局部二值模式与视觉显著性检测的绿色植物物种识别

本章提出一种基于完备局部二值模式和视觉显著性检测的绿色植物物种识别方法，首先利用基于颜色对比度的视觉显著性检测方法分割出显著性区域，然后利用完备局部二值模式(complete local binary pattern，CLBP)描述子和方向梯度直方图(histogram of oriented gradient，HOG)算法提取显著性区域的纹理、梯度特征，并利用有效的串联融合策略共同表示图像细节信息，最后利用最近邻分类器对融合纹理特征向量进行分类，获得识别率。

5.1 研 究 背 景

目前对植物分类识别的研究大多是基于单一背景的植物叶片，很多相关学者对此进行研究。针对复杂背景下叶片的处理问题，Camargo 等[1]利用 Gustafson-Kessel 聚类分割，并用遗传算法提取叶片，但该方法对重叠和复杂背景鲁棒性较低。Wang 等[2]提出自动标记的分水岭算法分割叶片图像，对叶片提取 Hu 氏不变矩和 Zernike 矩，作为叶片形状特征，对植物进行识别，该方法虽然能够在重叠、复杂背景下较好地分割叶片，但是分割时需借助叶片形状信息，对未知叶片不具有实用性。对于图像数据，人类视觉系统能自发地把注意力集中在图像中最重要的区域上，这种视觉功能称为视觉显著性，引起视觉注意的区域称为显著区域，视觉显著性检测算法能从图像中快速地找到显著区域，提取图像的显著图。

当前视觉显著性的研究是从空域、频域以及空域频域相结合三个方向展开。空域模型中最经典的是 Itti 等[3]提出的模型，该模型直接线性融合多种底层特征的显著图，具有计算速度快且容易实现的特点，但对显著对象的描述通常较为模糊，有时会产生块效应，且轮廓定位不够精确，对复杂背景和噪声的稳定性较差。文献[4]提出了一种基于颜色直方图对比度的显著性模型，其保留了原图像的分辨率，因此轮廓定位精确。

5.2　研　究　方　法

5.2.1　视觉显著性检测

由于在植物图像中，植物主体部分与背景普遍存在颜色差异，通过基于颜色对比度的视觉显著性检测方法分割出植物图像显著性区域是可行的，其步骤如下：对颜色空间进行量化，得到一组代表性色彩；计算所述代表性色彩对应的颜色在输入图像中的出现频率，组成一个直方图；根据每个代表性色彩与其他代表性色彩的差异计算代表性色彩的显著性值；对于每一个代表性色彩，将其显著性值赋予对应的像素。

文献[4]中的量化步骤是将每个颜色通道由 256 个颜色值量化为 12 个颜色值，这样的量化方法容易弱化图像中的颜色差异，产生较大瑕疵，为了尽可能减少视觉损失，本节使用八叉树[5]方法查找图像中最具代表性的颜色值，然后进行颜色量化。八叉树颜色量化可分为建立色彩八叉树、产生调色板、生成量化文件三个步骤。顺序读入像素颜色（R、G、B），建立一棵叶节点小于 K（量化后颜色数）的色彩八叉树；然后对色彩八叉树进行遍历，如果图像中某种颜色在八叉树中不存在，则新插入一个叶子节点来表示这种颜色，以此去除重复颜色的影响。若在插入像素颜色后，八叉树的叶子节点数超过 K，则根据一定的归并策略做叶子节点的归并操作，因此，在所有像素插入后，只有不超过 K 种颜色被保存为调色板；最后再次扫描文件，将每一颜色映射到调色板上，产生量化后的新图像。本节实验中 K 的取值为 256。

5.2.2　完备二值模式算法

在纹理特征提取算法中，局部二值模式(LBP)[6]算法思想简单容易理解、计算复杂度小、对不同光照强度不敏感，并且能够很好地描述图像的局部纹理特征，因而引起各国研究学者的关注。研究人员对 LBP 算法进行了深入研究，同时提出了多种 LBP 改进算法[7-12]。其中，相对于其他改进的 LBP

算法，CLBP 算法在局部纹理描述和纹理特征提取上更全面、精细，因此本章使用 CLBP 算法提取显著性区域的纹理特征。CLBP 算法从灰度值大小关系特征（CLBP_S）、灰度值差值幅值特征（CLBP_M）和像素点灰度值与全局平均灰度值的大小关系特征（CLBP_C）这三个角度描述像素点的纹理特征，最大化提取每个像素点的图像灰度纹理信息。CLBP 特征的数学描述如下：

$$\text{CLBP\_}S_{N,R} = \sum_{i=0}^{N-1} 2^i s(g_i - g_c), \quad s(x) = \begin{cases} 1, & x \geq 0 \\ 0, & \text{其他} \end{cases} \quad (5.1)$$

$$\text{CLBP\_}M_{N,R} = \sum_{i=0}^{N-1} 2^i t(m_N - c), \quad t(x,c) = \begin{cases} 1, & x \geq c \\ 0, & x < c \end{cases} \quad (5.2)$$

$$\text{CLBP\_}C_{N,R} = t(g_c, c_l), \quad t(x,c) = \begin{cases} 1, & x \geq c \\ 0, & x < c \end{cases} \quad (5.3)$$

其中，$g_i(i=1,2,\cdots,N)$ 为以 g_c 为中心的邻域像素点的灰度值，R 为邻域半径，m_N 为中心像素点和邻域像素点差值的大小，c 为局部图像中 m_N 的均值，c_l 为全局灰度均值。

5.2.3　HOG 特征提取

CLBP 算法仅考虑了局部窗口的灰度值差异特征，当光照不均或拍摄角度变化时，会导致图像灰度强度分布不均匀，进而导致算法会遗漏掉图像光滑部分的纹理信息。图像中光照情况和背景的变化多样，梯度值的变化范围很大，因此，使用方向梯度直方图算法提取图像梯度特征，并与 CLBP 纹理特征融合，可以有效弥补上述不足。

HOG 特征是一种在计算机视觉和图像处理中用来进行物体检测的特征描述子[13]，其核心思想是所检测的局部物体外形能够被光强梯度或边缘方向的分布所描述，通过将图像分成小的连通区域，称为细胞单元，然后采集细胞单元中各像素点的梯度或边缘的方向直方图，最后把这些直方图组合起来构成特征描述器。

HOG 特征提取步骤如下：先将图像灰度化，并采用 Gamma 校正法对输入图像进行颜色空间的标准化，Gamma 压缩公式为

$$I(x,y) = I(x,y)^\gamma \quad (5.4)$$

然后计算图像中每个像素的梯度（包括大小和方向），具体公式如下：

$$G_x(x,y) = H(x+1,y) - H(x-1,y) \tag{5.5}$$

$$G_y(x,y) = H(x,y+1) - H(x,y-1) \tag{5.6}$$

其中，$G_x(x,y)$、$G_y(x,y)$ 和 $H(x,y)$ 分别表示输入图像中像素点 (x,y) 位置处的水平方向梯度、垂直方向梯度和像素值。像素点 (x,y) 位置处的梯度幅值和梯度方向分别为

$$G(x,y) = \sqrt{G_x(x,y)^2 + G_y(x,y)^2} \tag{5.7}$$

$$\alpha(x,y) = \arctan^{-1} \frac{G_y(x,y)}{G_x(x,y)} \tag{5.8}$$

再将图像划分成小的细胞单元，统计每个细胞单元的梯度直方图（即不同梯度的个数），即可形成每个细胞单元的描述符。将每几个细胞单元组成一个块，一个块内所有细胞单元的特征描述符串联起来，形成该块的 HOG 特征描述符，将图像内所有块的 HOG 特征描述符串联起来，就可以得到该图像的 HOG 特征描述符。

将 VLEP 纹理特征与 HOG 特征串联融合，得到最终的融合特征向量。

5.3　实验结果与分析

5.3.1　绿色植物数据库

本章实验所使用的北京工商大学绿色植物纹理数据库同 4.1.3 小节所述，这里不再赘述。实验使用 60 类植物，每类植物包含 15 幅图像，像素为 500×331，11 幅图像作为训练样本，其余 4 幅作为测试样本，故训练集为 660 幅植物图像，测试集为 240 幅植物图像。

此外，还在单叶片图像数据库上进行了相关实验，单叶片图像数据库选用了 Sweden 数据库和 Flavia 数据库[15]。Sweden 数据库包含 15 类植物图像，每类有 75 幅图片，选用 70 幅为训练样本，5 幅为测试样本。Flavia 数据库包含 32 类植物图像，每类有 50 幅图片，选用 45 幅为训练样本，5 幅为测试样本。图 5.1 为 Sweden 数据库与 Flavia 数据库的图例，其中上排为 Sweden 数据库图例，从左往右分别为灰桤木、栓皮栎、瑞典花楸，下排为 Flavia 数据库图例，从左往右分别为刺楸、香樟、香椿。

图 5.1　两种植物叶片数据库图例（见彩插）

与复杂植物图像数据库相比，这两个数据库中叶片部分与背景部分都有着很明显的颜色区分，其中，与 Flavia 数据库相比，Sweden 数据库叶片图像纹理信息更丰富。

5.3.2　北京工商大学绿色植物数据库实验结果

为了验证本章提出方法的实用性，使用目前纹理图像分类效果较好的特征提取算法进行对比实验，表 5.1 列出了 LBP、LBPHF、ALBP 和本章所提方法的实验结果。

表 5.1　北京工商大学植物图像数据库实验结果　　　　（单位：%）

方法	识别率
ALBP	28.33
LBPHF	30.00
LBP	35.83
CLBP	49.58
CLBP +HOG	52.85
显著性检测+ CLBP+HOG	**52.92**

由表 5.1 的实验结果可以得到如下结论。

（1）与其他纹理特征提取方法相比，CLBP 算法的识别率最高。这是因为 $CLBP\_S_{N,R}$ 即为传统意义上的 LBP 方法；$CLBP\_M_{N,R}$ 通过两像素点的灰度差异幅值与全局灰度差异幅值的均值比较，描述了局部窗口的梯度差异信息，作为 CLBP_$S_{N,R}$ 的互补信息；CLBP_$C_{N,R}$ 反映中心像素点的灰度信息。相比于传统 LBP 及其改进方法，这三种描述子联合对纹理的描述更加精细。

（2）将 CLBP 特征与 HOG 特征融合后，由于 HOG 特征能有效弥补 CLBP 算法受光照影响而缺失的部分纹理信息，所以识别率有明显提高。

（3）在上述融合特征基础上再加入视觉显著性检测，识别率有较小幅度的提升，这证明检测出显著性区域后再进行纹理特征提取能剔除背景干扰信息，提高识别率，但由于复杂植物图像中植物主体部分与背景的颜色区分不够明显，植物区域的分割还不够准确，所以提升幅度较小。

5.3.3　单叶片绿色植物数据库实验结果

在相同条件下，使用前文所述的纹理特征提取算法在单叶片绿色植物数据库上进行对比实验，表 5.2 列出了各种方法的实验结果。

表 5.2　单叶片图像数据库实验结果　　　　（单位：%）

方法	识别率	
	Sweden	Flavia
ALBP	64.00	57.50
LBPHF	80.00	76.88
LBP	66.67	78.13
CLBP	86.67	81.25
CLBP+HOG	94.67	82.67
CLBP+HOG+HC	**96.00**	**83.75**

由表 5.2 的实验结果可知，本章提出的方法在单片叶片图像库的分类识别上具有更加优秀的表现，这是因为叶片图像普遍背景单一，基于颜色对比度的显著性检测方法能更精准地增强叶片区域，同时，叶片脉络清晰，能提取到更多的纹理信息，从而进行有效识别。

5.4　本章小结

本章提出一种基于完备局部二值模式与视觉显著性检测的绿色植物识别

方法，首先利用基于颜色对比度的视觉显著性检测方法增强原始图像中的植物主体部分，然后利用 CLBP 提取图像纹理特征，由于方向梯度直方图特征可以弥补 CLBP 因光照影响而遗漏的部分纹理信息，所以在 CLBP 特征基础上，融合方向梯度直方图特征，进一步改善识别效果。

参 考 文 献

[1] Camargo N J, Meyer G E, Jones D. Individual leaf extractions from young canopy images using Gustafson-Kessel clustering and a genetic algorithm. Computers and Electronics in Agriculture, 2006, 51(1): 66-85.

[2] Wang X F, Huang D S, Du J X, et al. Classification of plant leaf images with complicated background. Applied Mathematics and Computation, 2008, 205(2): 916-926.

[3] Itti L, Koch C, Niebur E. A model of saliency-based visual attention for rapid scene analysis. IEEE Transactions on Pattern Analysis and Machine Intelligence, 2002, 20(11): 1254-1259.

[4] Cheng M, Mitra N J, Huang X, et al. Global contrast based salient region detection. IEEE Transactions on Pattern Analysis and Machine Intelligence, 2015, 37(3):569-582.

[5] 刘青, 钱玮. 一种八叉树色彩量化算法的改进. 电子技术, 2010, 47(8): 7-8.

[6] Heikkila M, Pietikainen M, Schmid C. Description of interest regions with local binary patterns. Pattern Recognition, 2009, 42(3): 425-436.

[7] Wang Y, Zhao Y S, Cai Q. A varied local edge pattern descriptor and its application to texture classification. Journal of Visual Communication and Image Representation, 2016, 15(1): 108-117.

[8] Thu M, Suvonvorn N, Karnjanadecha M. Pedestrian detection using linear SVM classifier with HOG feature//Asia Pacific Conference on Robot IoT System Development and Platform, Phuket, 2018.

[9] Ertuğrul Ö F, Kaya Y, Tekin R. A novel approach for SEMG signal classification with adaptive local binary patterns. Medical and Biological Engineering and Computing, 2016, 54(7): 1137-1146.

[10] Muramatsu C, Hara T, Endo T, et al. Breast mass classification on mammograms using radial local ternary patterns. Computers in Biology and Medicine, 2016, 72(C): 43-53.

[11] Prasad P S, Rao B P. Condition monitoring of 11kV overhead power distribution line insulators using combined wavelet and LBP-HF features. IET Generation Transmission and Distribution, 2017, 11(5): 1144-1153.

[12] Masmoudi A D, Ayed N G B, Masmoudi D S, et al. LBPV descriptors-based automatic ACR/BIRADS classification approach. EURASIP Journal on Image and Video Processing, 2013, (1): 1-9.

[13] 苏昂, 张跃强, 杨夏, 等. 航拍图像车辆检测中的圆形滤波器 HOG 特征快速计算. 国防科技大学学报, 2017, 39(1): 137-141.

[14] 曾辉. 图像分类中图像表达与分类器关键技术研究. 大连: 大连理工大学, 2016.

[15] Wu S G, Bao F S, Xu E Y, et al. A leaf recognition algorithm for plant classification using probabilistic neural network// Proceedings of IEEE International Symposium on Signal Processing and Information Technology, Herzegovina, 2008.

第6章 基于方形局部边缘模式的绿色植物物种识别

纹理描述的是图像或者图像局部区域所对应物体的表面性质，而物体表面的属性是相当复杂的，例如，物体的大小、形状以及颜色，物体是否规律等，这些繁杂的外观属性与众多无法描述的物理属性相互结合，形成具有一定规则的图像，但同时也包括了多变的性质。尤其在局部的小区域内，获取明显的空间局部灰度信息是识别图像纹理的有效手段，因此进行绿色植物物种图像特征提取时，要求在提取纹理边缘特征的同时兼顾多尺度性，以便提高算法的鲁棒性。

本章提出了一种多尺度局部边缘模式方法，主要在方形局部边缘模式的基础上[1]，融合了多尺度思想，解决了传统边缘提取方法不能从多尺度角度描述纹理特征的难题。所述的局部边缘模式是指局部边缘检测描述子，即一种边缘检测描述子代表一种局部边缘模式。在图像识别分类中，基于纹理统计特征，仅提取固定边缘方向是不够的，因为图像区域中的一些纹理基元有可能并不属于固定的边缘方向，而是具有任意属性的非边缘信息，所以，一组方形局部边缘模式描述子既包括边缘检测描述子，也包括非边缘检测描述子。

6.1 研究背景

纹理分类，尤其是相似性纹理分类是计算机视觉[2]、图像分析[3]和模式识别[4]等领域中一个非常热门的研究课题，纹理分类的关键技术之一是特征的模型设计，一般分为两大类方法[5]：一种是基于像素特征的方法，如颜色、灰度和梯度等特征；另一种是基于区域特征的方法，如纹理和块等特征。

初始时，统计特征方法被应用于纹理分类，例如，共生矩阵方法[6]和基于滤波的方法[7]，这些方法在测试样本和训练样本从相同视角捕获时获得了优秀的表现，然而，一旦捕获视角不同，结果就会表现得很不稳定，因此基于不变属性的纹理分类显得尤为重要。Kashyap 和 Khotanzad[8]首次使用圆形自回归模型作为旋转不变纹理分类方法，满足更多实际需求的应用。后来，很多其他模型也不断被尝试。Ojala 等[9]提出使用具有旋转不变属性的局部二值模式（LBP）进行纹理分类。LBP 方法在描述局部图像信息时简单、有效，很多基于 LBP 的方法在纹理数据库中的测试都获得了优秀的结果。然而，LBP 方法不能充分表示图像的局部空间结构，因此，Guo 等[10]提出了自适应 LBP（adaptive LBP，ALBP）算法。

图像边缘是一种重要的图像纹理特征[11]，能被用来进行图像分类。很多边缘提取方法被提出[12-15]。Park 等[16]描述了 5 种局部边缘模式，用来提取边缘特征，在这种方法启示下，本章提出一种多尺度方形局部边缘模式（local edge pattern，LEP）绿色植物物种识别方法，首先定义 5 种方形局部边缘模式，然后在提取特征的同时考虑了多尺度思想，接着利用阈值分割方法精细化提取的特征，最后利用最近邻分类器进行分类。实验结果显示，本章提出方法比传统纹理分类方法获得了更好的性能。

6.2　研　究　方　法

6.2.1　局部边缘模式

图像的边缘大多出现在 0°、45°、90°和 135°的方向上，因此，本章所提方法使用的局部边缘模式包含 0°、45°、90°、135°的定向边缘检测描述子，以及一种检测任意非边缘属性的非定向边缘检测描述子，分别用符号 $U_{0°}$、$U_{45°}$、$U_{90°}$、$U_{135°}$ 和 $U_{nondirective}$ 来表示，这四种边缘检测描述子与一种非边缘检测描述子的示意图如图 6.1 所示[15]，为了方便叙述，将四种定向边缘与一种非定向边缘统称为五种局部边缘模式描述子。

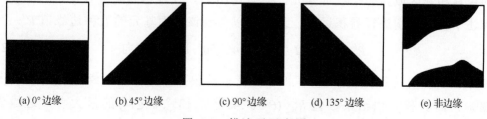

(a) 0°边缘　　　(b) 45°边缘　　　(c) 90°边缘　　　(d) 135°边缘　　　(e) 非边缘

图 6.1　描述子示意图

边缘模式需要被精准地表示，每个局部边缘模式描述子都是 2×2 尺寸的方形矩阵，矩阵标签如图 6.2 所示。例如，对应的 0° 边缘 $U_{0°}$ 按照矩阵标签分别赋值，表示为

$$
\begin{aligned}
U_{0°}(1) &= 1 \\
U_{0°}(2) &= 1 \\
U_{0°}(3) &= -1 \\
U_{0°}(4) &= -1
\end{aligned}
\tag{6.1}
$$

同样地，其他四种边缘模式可以分别表示为如下形式，如图 6.3（b）～（e）所示。

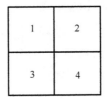

图 6.2　描述子矩阵标签

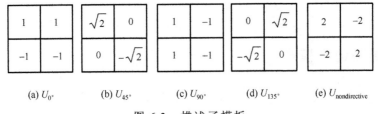

(a) $U_{0°}$　　(b) $U_{45°}$　　(c) $U_{90°}$　　(d) $U_{135°}$　　(e) $U_{\text{nondirective}}$

图 6.3　描述子模板

6.2.2　边缘特征提取

通过以上五种局部边缘模式描述子分别提取相应边缘的特征值，2×2 大小的像素相邻区域为一个纹理基元，根据式（6.2），纹理基元与五种局部边缘模式描述子模板分别进行卷积运算，这样可以得到该纹理基元的五种边缘值 $R_{2×2}^{\theta}$：

$$
R_{2×2}^{\theta} = U_{\theta} \otimes I, \quad \theta \in 0°, 45°, 90°, 135°, \text{非定向} \tag{6.2}
$$

其中，θ 表示边缘方向，符号 "$\otimes$" 表示卷积操作，I 表示绿色植物灰度图像。判断五种卷积结果数值 $R_{2×2}^{\theta}$（$\theta \in 0°, 45°, 90°, 135°, \text{非定向}$）的最大者，边缘值 $R_{2×2}^{\theta}$ 越大，说明该纹理基元与 $R_{2×2}^{\theta}$ 对应的边缘方向特征越匹配，因此 $R_{2×2}^{\theta}$ 最大

值对应的边缘特征即为该纹理基元具有的边缘特征。当绿色植物灰度图像 I 中的所有纹理基元所属边缘模式均被确定之后，统计每种局部边缘模式出现的频次，形成如式 (6.3) 的五维直方图，直方图频谱也就是代表整个绿色植物图像的特征统计量：

$$A = [S_1, S_2, S_3, S_4, S_5] \tag{6.3}$$

其中，$S_n\,(n \in [1,5])$ 表示整幅图像相应的局部边缘模式出现的频次，例如，S_1 为图像中纹理基元属于 0° 边缘的个数。

6.2.3　多尺度思想

本方法提出多尺度思想是为了提高识别精度，目的是使用多尺度思想刻画图像纹理的局部空间结构。多尺度是一个较为抽象的概念，为了方便理解，将其称作一个尺度描述子。

定义 $M \times N$ 尺度描述子为 M 行 N 列 (M、N 为正偶数) 的像素模板，因为局部边缘模式描述子 U_θ 是 2×2 维的矩阵，所以 $M \times N$ 尺度描述子设计为平均分成的四个部分，每部分的大小尺寸为 $\dfrac{M}{2} \times \dfrac{N}{2}$，图 6.4 给出了四种不同的尺度描述子。

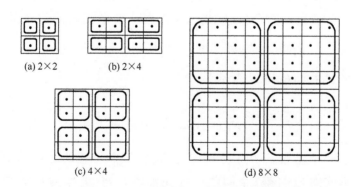

(a) 2×2　　　(b) 2×4

(c) 4×4　　　(d) 8×8

图 6.4　不同尺度描述子模板例图

尺度描述子的每部分用于计算与该部分尺寸相同图像纹理基元的像素灰度平均值，得到的灰度平均值替代原始绿色植物灰度图像的像素值，然后使用上述五种局部边缘模式描述子按式 (6.4) 计算边缘值 $R_{M \times N}^\theta$：

$$R_{M \times N}^\theta = U_\theta \otimes I', \quad \theta \in 0°, 45°, 90°, 135°, 非定向 \tag{6.4}$$

其中，I' 表示原始灰度图像的平均值版本图像。尺度描述子同时还具有滤波的作用，当使用小尺度描述子时，提取的图像边缘细节更加丰富，边缘定位精度较高；使用大尺度描述子时，图像的边缘特征更加稳定，对噪声具有较强的抵抗力。因此多尺度描述子结合局部边缘模式描述子处理图像，可以提取图像边缘不同尺度的空间结构特征。

6.2.4 阈值分析

仅仅使用五维直方图 A，即五种绿色植物叶片图像的有效特征，进行植物分类是不够细致的。在统计五种边缘特征的任意一种特征时，边缘值 $R_{M \times N}^{\theta}$ 的大小分布仍旧是很不均匀的，因此，提出了阈值分析方法来细化边缘值，从而得到细化的多维直方图[17]。阈值分析是图像识别分类中的有效手段，可以在原始算法的基础上大幅度提高识别率。

阈值分析方法是在训练集中所有图像上进行分析计算的，具体思想如下：当所有训练图像利用尺度描述子处理得到平均灰度版本图像，平均灰度版本图像的所有纹理基元所属边缘模式都被确定之后，分别将属于同类边缘模式的所有边缘值 $R_{M \times N}^{\theta}$ 分离出，并求出绝对值，然后绝对值按升序排列，同时可以对该种模式的边缘值个数进行计数，设总个数为 Num^{θ}，按照需要将每种边缘模式再细分为 B 个子类，则边缘值 $R_{M \times N}^{\theta}$ 落入同一个子类区间的个数 Num_n^{θ} 为

$$\text{Num}_n^{\theta} = \text{Num}^{\theta} / B, \quad n = \{1,2,3,4,5\}, \quad B \in N^* \tag{6.5}$$

而每种边缘模式的阈值可以表示为

$$\text{Th}_i^{\theta} = \begin{cases} 0, & i = 1 \\ F((i-1)\text{Num}_n^{\theta} + 1), & i = 2,\cdots,B \end{cases} \tag{6.6}$$

其中，F 表示一个函数，$F(\cdot)$ 表示排在第 "·" 个位置的边缘值 $R_{M \times N}^{\theta}$，Th_i^{θ} 即为该种边缘模式对应的第 i 个阈值。为免混淆，将 0 作为第一个阈值，则分为 B 个子类，该种边缘模式便有 B 个阈值。

每种边缘模式得到所有阈值之后，开始对训练集和测试集中的所有图像分别依次进行特征细化。阈值将同种模式的边缘值化为了 B 个子区间，统计边缘值 $R_{M \times N}^{\theta}$ 分别落入每个子区间的频次，则每种边缘特征可以细化为 B 个有效特征，所以图像的特征统计量由 5 维拓展到 $5B$ 维，得到细化的边缘特征向量直方图 A'：

$$A' = [S_{11}, S_{12}, \cdots, S_{1B}, S_{21}, S_{22}, \cdots, S_{2B}, S_{31}, S_{32}, \cdots, S_{3B}, S_{41}, S_{42}, \cdots, S_{4B}, S_{51}, S_{52}, \cdots, S_{5B}] \quad (6.7)$$

其中，$S_{nm}\,(n \in [1,5], m \in [1,B])$ 表示 n 种边缘的第 m 个子类出现的频次。例如，当 B 为 4 时，使用 8×8 尺度描述子，通过阈值分析的细化直方图频谱为 20 维，示意图如图 6.5 所示。

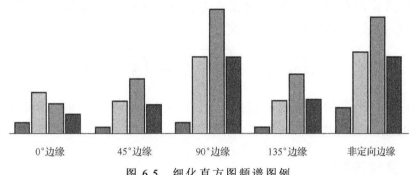

图 6.5　细化直方图频谱图例

6.2.5　最小距离分类器

最小距离是图像处理中有效的分类标准之一[18]，相对于最近邻、最大相似度等方法，最小距离分类器运算速度非常快，由于其原理易懂、计算简单的优势而被人们广泛使用。最小距离分类器主要是基于向量空间模型的算法，针对图像直方图数据进行分类，其基本思想是：训练集中属于同一类的所有图像的特征直方图，依次计算直方图每维数据的算术平均值，从而生成一个表示该类图像特征的中心向量，对于待分类图像特征直方图，分别计算其与每类图像中心向量之间的距离，将待分类图像判定为与之距离最小的一类。

现有很多经典好用的最小距离方法，例如，欧氏距离[19,20]、马氏距离[21]等。基于马氏距离的最小距离分类器比欧氏距离要有更好的性能，因为它在欧氏距离的基础上增加了协方差矩阵，而且两点间的马氏距离与原始数据的测量单位无关，不受量纲影响；同时还能排除变量之间相关性的干扰。本方法采用基于马氏距离的最小距离分类器。

在 n 维空间上两点 $x = (x_1, \cdots, x_n)^{\mathrm{T}}$ 与 $y = (y_1, \cdots, y_n)^{\mathrm{T}}$ 之间的马氏距离 $d_S(x, y)$ 被定义为

$$d_S(x, y) = \sqrt{(x-y)^{\mathrm{T}} S^{-1} (x-y)} \quad (6.8)$$

其中，S 为两点的协方差矩阵。

在本章所提方法中，经过计算得到训练集中第 k 类植物图像的特征直方图的中心向量 $\overline{A'_k}$ 为

$$\overline{A'_k}=\left[\overline{S_{11}},\overline{S_{12}},\cdots,\overline{S_{1B}},\overline{S_{21}},\overline{S_{22}},\cdots,\overline{S_{2B}},\overline{S_{31}},\overline{S_{32}},\cdots,\overline{S_{3B}},\overline{S_{41}},\overline{S_{42}},\cdots,\overline{S_{4B}},\overline{S_{51}},\overline{S_{52}},\cdots,\overline{S_{5B}}\right] \quad (6.9)$$

待测图像细化的边缘特征向量直方图 A'_{test} 分别与训练集中每类植物的中心向量 $\overline{A'_k}$ 按式 (6.10) 求得马氏距离 d_{S-k}：

$$d_{S-k}\left(\overline{A'_k},A'_{\text{test}}\right)=\sqrt{\left(\overline{A'_k}-A'_{\text{test}}\right)S^{-1}\left(\overline{A'_k}-A'_{\text{test}}\right)^{T}} \quad (6.10)$$

当与所有类别植物求得马氏距离之后，找出其中最小值，则将待测图像判定为对应的植物种类。

6.2.6 算法流程

多尺度局部边缘模式算法的流程具体如下：

(1) 将原始绿色植物彩色图像转为灰度图像。

(2) 利用式 (6.2) 和式 (6.4) 提取多尺度边缘特征，从而产生特征向量 A。

(3) 根据式 (6.5) 和式 (6.6) 计算阈值 Th_i^{θ}。

(4) 通过阈值 Th_i^{θ} 获取所有图像的细化特征向量 A'。

(5) 计算训练集中，每类别植物图像的特征值中心向量 $\overline{A'_k}$。

(6) 待测图像与所有类别的特征值中心向量 $\overline{A'_k}$ 按式 (6.10) 计算马氏距离。

(7) 求得最小距离，待测图像判定为对应植物类别。

(8) 测试集所有图像识别完毕后，统计识别率。

6.3 实验结果与分析

目前专家学者将焦点大多集中在简单植物图像分类上，因此背景简单、叶片单一的植物图像识别技术发展得相对比较成熟。由于图像背景简单，所以分类不受外界其他因素干扰，只要结合叶片外形特点，再利用当前现有识别技术，便可以得到一个令人满意的结果。但是，单一叶片的识别在某种程度上是没有广泛实用性的，所以已研究的技术具有局限性，而且在绿色植物物种识别领域也不存在一个具有代表性的标准大型绿色植物数据库。为了使

植物物种识别变得更加具有现实意义和应用前景，本章研究精细的绿色植物物种图像分类方法，因此，为了验证多尺度局部边缘模式方法，以及后续方法在绿色植物物种识别问题上的有效性，建立了一个大型的精细绿色植物物种数据库，并精心设计了一系列实验。首先，清晰地展示了一幅图像在不同尺度下产生的局部边缘模式图及特征统计直方图；其次，列举了在实验过程中得到的边缘阈值，以便直观地了解边缘值大致数值和范围；再次，给出了不同尺度、不同阈值个数下的各个识别率，分析了尺度与阈值个数对方法的影响；最后进行了一系列的对比实验，通过方法识别率的比较，客观公正地验证提出算法的优劣性。

6.3.1　绿色植物物种数据库

本章实验所使用的北京工商大学绿色植物纹理数据库同 4.1.3 小节所述，这里不再赘述。为了满足数据库的完整性、可用性以及持续性要求，共采集了 200 多种植物标本，包含了将近上万幅不同条件下的绿色植物图像，根据参考条件，经过严格筛选，剔除了一些质量不高或者相似的图像，每一类植物剩余至少 15 幅有效可用的图像。筛选的参考条件：植物数量(多株与单株)、叶片大小、背景复杂度、有无遮挡、姿态差异、光照强度、拍摄角度以及尺度等。图 6.6 展示了在不同条件下采集的几幅木槿植物的典型图例。

在后续实验中，均选取数据库前 80 类植物图像，并将前 80 类植物所在文件夹统一收集在"plant database"的根文件夹下。每幅图像分辨率大小为 4928×3264，考虑到运行速率，将所有植物图像下采样为 500×331 像素。每类植物前 6 幅图像作为训练图像，后 9 幅作为测试图像，则共有 480 个训练样本和 720 个测试样本。

6.3.2　局部边缘特征

为了更清楚尺度描述子与每种局部边缘模式描述子对植物图像分别产生的影响，将原图 6.6(a) 作为待测图像，转化为灰度图像，如图 6.6(b) 所示。然后将 2×2 与 8×8 两种尺度描述子与原始图像做卷积，得到两幅平均值版本效果图，分别如图 6.6(c) 和 (d) 所示。

从图 6.6 可以看出，2×2 尺度描述子处理后的图像其实就是原始灰度图像，因为 2×2 尺度描述子每部分只包含一个像素点，相当于对图像没有做任何处理，尺寸仍然为原始图像尺寸 500×331；经过 8×8 尺度描述子处理的图像，尺寸变为 252×167，在一定程度上对图像有平滑、去噪的效果。

(a)原始植物彩色图像

(b)灰度图像

(c)2×2 尺度描述子处理后的图像

(d) 8×8 尺度描述子处理后的图像

图 6.6　尺度描述子作用示例图(见彩插)

　　图像经过尺度描述子处理后,使用五种局部边缘模式对图像分别进行某种方向的边缘提取。图 6.7 和图 6.8 分别是在尺度描述子为 2×2 与 8×8 的作用下,显示各种局部边缘模式描述子对图像的提取效果。

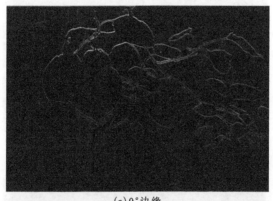

(a) 0°边缘

(b) 45°边缘

(c) 90°边缘

(d) 135°边缘

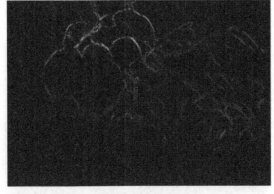

(e) 非边缘

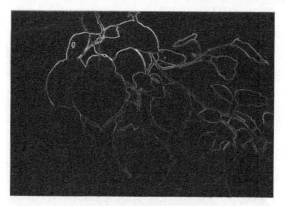

(f)本章提出方法

图 6.7　2×2 尺度描述子下的边缘提取图

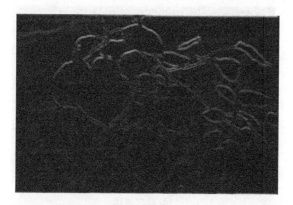

(a)0°边缘

(b)45°边缘

(c) 90°边缘

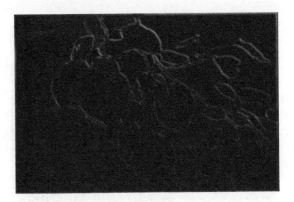

(d) 135°边缘

(e) 非边缘

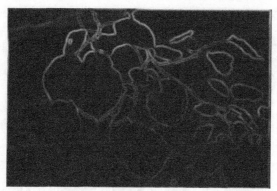

(f) 本章提出方法

图 6.8　8×8 尺度描述子下的边缘提取图

　　由图 6.7 和图 6.8 可知，单独使用某种方向的局部边缘模式描述子，只能检测对其相应边缘敏感的像素点，越敏感，边缘强度越大，边缘也越明显，因此在同一纹理基元中，比较所有边缘值，该纹理基元属于最大值对应的边缘模式。此时得到的图像（图 6.7(f) 和图 6.8(f)）纹理边缘特征最清晰明显。

　　图 6.9 显示了两种尺度下分别得到的五维边缘特征直方图。由于图像尺寸发生变化，所以将特征直方图进行了归一化处理。在 2×2 尺度下，归一化的特征向量直方图 $A=[0.163, 0.314, 0.163, 0.134, 0.226]$，当尺度为 8×8 时，归一化的特征向量直方图 $A=[0.184, 0.306, 0.208, 0.175, 0.127]$，可见，不同尺度描述子下，得到的特征直方图是有明显区别的，因此，多尺度思想在叶片特征提取的过程中，影响是很大的。

　　经过阈值分析之后，可以得到上述两组直方图细化的结果，如图 6.10 所示，设置阈值个数为 16，将对应的五维边缘直方图拓展为 80 维边缘特征直方

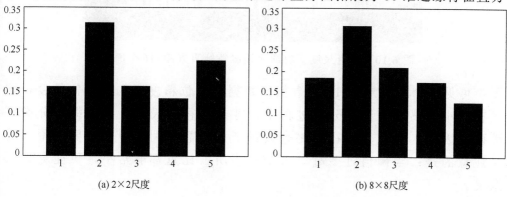

(a) 2×2尺度　　　　　　　　　　　　　　　　(b) 8×8尺度

图 6.9　两组尺度下的边缘特征直方图

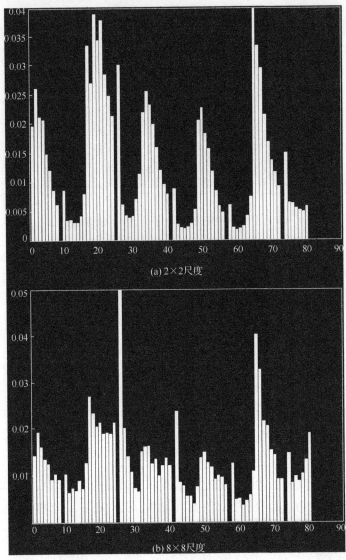

图 6.10　两组尺度下的细化边缘特征直方图(16 个阈值)

图。可见一个子类对应 16 维数据，数据由三位精度变到了四位精度，这样在最小距离分离器的分类过程中，才会使得马氏距离更精细，分类更准确。因此，阈值分析在细化有效特征、提高识别率中有重要作用。需要注意的是：当阈值过多时，每个子类所占比重都非常小，可能会失去意义。

6.3.3　阈值分析实例验证

在绿色植物物种数据库上，进行了多组不同尺度及不同阈值个数的实验，此处只列出其中一组阈值。表 6.1 展示了当选择 2×4 尺度、阈值个数为 16（$B=16$）时，由多尺度局部边缘模式算法得到的五种边缘模式对应的 16 个阈值。

表 6.1　五种局部边缘模式的 16 个阈值

阈值	$\mathrm{Th}_i^{0°}$	$\mathrm{Th}_i^{45°}$	$\mathrm{Th}_i^{90°}$	$\mathrm{Th}_i^{135°}$	$\mathrm{Th}_i^{nondirective}$
1	0.0000	0.0000	0.0000	0.0000	0.0000
2	0.0039	0.0103	0.0100	0.0103	0.0099
3	0.0083	0.0158	0.0178	0.0156	0.0182
4	0.0138	0.0215	0.0257	0.0212	0.0263
5	0.0196	0.0276	0.0341	0.0272	0.0345
6	0.0257	0.0340	0.0432	0.0336	0.0431
7	0.0327	0.0414	0.0535	0.0410	0.0520
8	0.0406	0.0496	0.0651	0.0491	0.0624
9	0.0497	0.0589	0.0786	0.0584	0.0738
10	0.0608	0.0701	0.0949	0.0696	0.0871
11	0.0745	0.0836	0.1151	0.0832	0.1033
12	0.0927	0.1008	0.1409	0.1002	0.1235
13	0.1181	0.1236	0.1756	0.1228	0.1501
14	0.1575	0.1557	0.2248	0.1548	0.1874
15	0.2284	0.2059	0.3016	0.2048	0.2443
16	0.3874	0.3008	0.4462	0.2988	0.3499

由于使用 MATLAB 读入灰度图像，会将图像矩阵自动转换为双精度矩阵，防止进行加减运算或卷积运算时产生溢出现象，所以得到的边缘值均在 [0,1] 区间。

6.3.4　实验结果

使用不同尺度与不同阈值个数相互组合，并进行多尺度局部边缘模式算法测试，通过实验获得了不同的识别率，具体数据如表 6.2 所示。

表 6.2　多尺度局部边缘模式算法识别率　　　　　　（单位：%）

阈值个数	尺度描述子				
	2×2	2×4	4×4	8×8	16×16
0	13.47	13.06	12.36	14.72	13.06
4	24.44	27.78	32.08	35.97	33.19
8	26.94	30.28	35.00	40.14	36.94
16	27.92	30.14	35.97	40.83	37.78
32	28.89	30.69	35.97	**42.36**	36.53

分析表 6.2 中的数据可以得到以下结论。

(1)当尺度描述子为 2×2 时，相当于图像未经尺度描述子处理，五种局部边缘模式直接对原始灰度图像进行边缘特征提取，在相同阈值个数的情况下，与使用其他尺度描述子的结果进行比较，2×2 尺度获得的识别率都是比较低的，因为原始图像存在噪声点，对边缘提取效果有很大影响。这也说明了多尺度思想对特征提取有很大的贡献，其原因是提取了图像邻域像素空间的不同尺度信息，而且尺度描述子具有均值滤波的效果。

(2)当未加阈值(阈值个数为 0)时，即原始边缘特征统计量 A 没有经过细化，在相同尺度描述子的情况下，识别率远远低于经过阈值分析后得到的分类结果。可见阈值分析方法可以将已有特征再细化，以便获取更多的细节信息。

(3)相同阈值个数下，识别率先随着尺度的增大而升高，但是当增加到一定程度时，识别率又有所下降，而且在尺度为 8×8 时，识别率相对最高。因为尺度过小，容易受图像噪声等因素的干扰，导致识别率较低，但是尺度过大时，图像的大部分有效信息可能已经被过滤了，所以影响特征提取的有效性。

(4)相同尺度下，随着阈值个数的增多，识别率在逐渐增加，说明阈值越多，特征被细化得越明显，分类更准确。但是由于阈值越多，细化的特征统计量维数越多，算法运行时间越长，所以需要在识别率与运行速度之间有很好的权衡。当然，如果阈值个数过多，将边缘值划分得过细，导致每个子类数据过少，可能就没有分析意义了。就目前而言，使用 8×8 尺度描述子，设置 32 个阈值，算法结果最优，识别率达到 42.36%。

　　为了更好地展示并验证所提方法在细粒度绿色植物图像识别问题上的优势，选择了当前在局部纹理描述子中具有代表性的方法[9,10,22,23]作为对比方法，并在相同实验条件下进行了实验测试。其中，P 代表描述子近邻点个数，R 表示描述子模板半径距离，具体的识别结果如表 6.3 所示。

表 6.3　对比方法识别率　　　　　　　（单位：%）

方法	(P, R)		
	(8, 1)	(16, 3)	(24, 5)
$VAR_{P,R}$	10.97	16.67	**18.47**
$LBP_{P,R}$	**23.75**	23.06	22.22
$LTP_{P,R}$	21.75	25.13	**27.14**
$LBPHF_{P,R}$	20.56	23.33	**24.13**
$ALBP_{P,R}$	23.21	25.00	**26.94**
所提算法	**42.36**　（8×8 尺度、32 个阈值）		

　　从表 6.3 中可以看出，使用典型局部纹理描述子 $VAR_{P,R}$、$LBP_{P,R}$、$LTP_{P,R}$、$LBPHF_{P,R}$ 和 $ALBP_{P,R}$ 提取绿色植物叶片特征，获得的最高识别率分别为 18.47%、23.75%、27.14%、24.13% 和 26.94%，而随着描述子尺度的变化，识别率也随之发生变化，可见邻域像素之间的尺度结构是图像重要信息之一。相比于上述对比方法，多尺度局部边缘模式方法在植物叶片的纹理特征提取中更具有优越性，识别率上有很大的提高，因此，所提方法对细粒度的绿色植物物种图像识别是很有意义的。

6.4　本 章 小 结

　　由于局部边缘模式简单有效的性质，其已经广泛应用于纹理特征分类中，但是仅使用局部边缘模式描述子无法准确描述相似纹理空间结构，所以本章提出了一种基于方形局部边缘模式的绿色植物物种识别方法，并详细地介绍了具体算法流程，选择了"植物叶片纹理边缘特征+基于马氏距离的最小距离分类器"组合形式，使得分类快速、准确。同时在绿色植物物种数据库上进行了一系列实验，实验结果表明了本章所提方法更具优越性。

参 考 文 献

[1]　Won C S, Park D K, Park S J. Efficient use of MPEG-7 edge histogram descriptor. ETRI Journal, 2002, 24(1): 23-30.

[2]　Wu J, Peng B, Huang Z X, et al. Research on computer vision-based object detection and classification//International Conference on Computer and Computing Technologies in Agriculture, Zhangjiajie, 2012.

[3]　Xu Y, Yu L, Xu H, et al. Vector sparse representation of color image using quaternion matrix analysis. IEEE Transactions on Image Processing, 2015, 24(4): 1315-1329.

[4]　Lee S H, Choi J Y, Ro Y M, et al. Local color vector binary patterns from multichannel face images for face recognition. IEEE Transactions on Image Processing, 2012, 21(4): 2347-2353.

[5]　Assefa D, Mansinha L, Tiarnpo K F, et al. Local quaternion Fourier transform and color image texture analysis. Signal Processing, 2010, 90(6): 1825-1835.

[6]　Haralik R M, Shanmugam K, Dinstein I. Texture features for image classification. IEEE Transactions on Systems, Man and Cybernetics, 1973, 3(6): 610-621.

[7]　Randen T, Husoy J H. Filtering for texture classification: a comparative study. IEEE Transactions on Pattern Analysis and Machine Intelligence, 1999, 21(4): 291-310.

[8]　Kashyap R L, Khotanzad A. A model-based method for rotation invariant texture classification. IEEE Transactions on Pattern Analysis and Machine Intelligence, 1986, 8(4): 472-481.

[9]　Ojala T, Pietikainen M, Maenpaa T. Multiresolution gray-scale and rotation invariant texture classification with local binary patterns. IEEE Transactions on Pattern Analysis and Machine Intelligence, 2002, 24(7): 971-987.

[10]　Guo Z H, Zhang L, Zhang S. Rotation invariant texture classification using adaptive LBP with directional statistical features//The 17th IEEE International Conference on Image Processing, HongKong, 2010.

[11]　Zhao Y R, Chang J H. Analysis of image edge checking algorithms for the estimation

of pear size//IEEE International Conference on Intelligent Computation Technology and Automation, Changsha, 2010.

[12] Canny J. A computational approach to edge detection. IEEE Transactions on Pattern Analysis and Machine Intelligence, 1986, 8(6): 679-698.

[13] Wang X, Jin J Q. An edge detection algorithm based on improved Canny operator//IEEE International Conference on Intelligent Systems Design and Applications, Rio de Janeiro, 2007.

[14] Gao W S, Zhang X G, Yang L, et al. An improved Sobel edge detection//IEEE International Conference on Computer Science and Information Technology, Chengdu, 2010.

[15] Roushdy M. Comparative study of edge detection algorithms applying on the grayscale noisy image using morphological filter. International Journal of Graphics, Vision and Image Processing, 2006, 6(4):17-23.

[16] Park D K, Jeon Y S, Won C S. Efficient use of local edge histogram descriptor// Proceedings of the ACM Multimedia Workshops, Los Angeles, 2000.

[17] Zhu S, Xia X, Zhang Q, et al. An image segmentation algorithm in image processing based on threshold segmentation//IEEE International Conference on Signal-Image Technologies and Internet-Based System, Shanghai, 2007.

[18] Kurzynski M, Krysmann M. Fuzzy inference methods applied to the learning competence measure in dynamic classifier selection//The 27th SIBGRAPI Conference on Graphics, Patterns and Images, Rio de Janeiro, 2014.

[19] Danielsson P E. Euclidean distance mapping. Computer Graphics and Image Processing, 1980, 14(3):227-248.

[20] Huang Z W, Wang R P, Shan S G, et al. Learning Euclidean-to-Riemannian metric for point-to-set classification//IEEE International Conference on Computer Vision and Pattern Recognition, Columbus, 2014.

[21] Maesschalck R D, Jouan-Rimbaud D, Massart D L. The Mahalanobis distance. Chemometrics and Intelligent Laboratory Systems, 2000, 50(1): 1-18.

[22] Muramatsu C, Hara T, Endo T, et al. Breast mass classification on mammograms using radial local ternary patterns. Computers in Biology and Medicine, 2016, 72(C): 43-53.

[23] Yu L, Li R F, Yu K. Multi-scale local binary pattern Fourier histogram features for facial expression recognition. Journal of Computer Applications, 2014, 34(7): 2036-2039.

彩　　图

(a)原始彩色图像

(b)相应的灰度图像

图 3.2　实验图像

(a)Roberts 方法

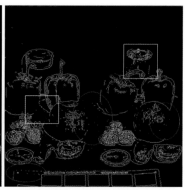
(b)Prewitt 方法

(c)Sobel 方法

(d) $\text{VLEP}_{8,1}^{\theta}$ （$P=8$，$R=1$）

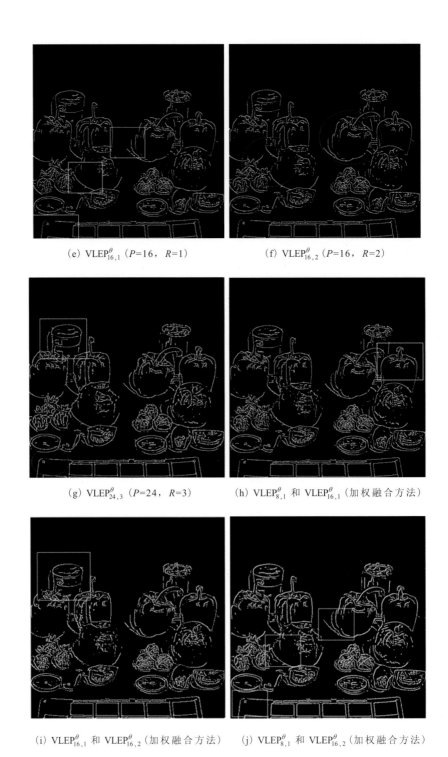

(e) $\mathrm{VLEP}_{16,1}^{\theta}$ $(P{=}16,\ R{=}1)$ (f) $\mathrm{VLEP}_{16,2}^{\theta}$ $(P{=}16,\ R{=}2)$

(g) $\mathrm{VLEP}_{24,3}^{\theta}$ $(P{=}24,\ R{=}3)$ (h) $\mathrm{VLEP}_{8,1}^{\theta}$ 和 $\mathrm{VLEP}_{16,1}^{\theta}$（加权融合方法）

(i) $\mathrm{VLEP}_{16,1}^{\theta}$ 和 $\mathrm{VLEP}_{16,2}^{\theta}$（加权融合方法）   (j) $\mathrm{VLEP}_{8,1}^{\theta}$ 和 $\mathrm{VLEP}_{16,2}^{\theta}$（加权融合方法）

图 3.4　边缘检测结果（使用大尺度高斯核）

(a)原始彩色图像

(b)对应灰度图像

图 3.5　实验图像

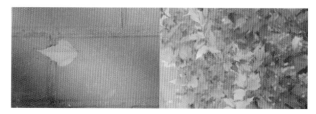

(a)单叶片与多叶片

(b)强光照与弱光照

(c)大视角与小视角

图 4.3　绿色植物物种数据库图例

图 5.1　两种植物叶片数据库图例

(a)原始植物彩色图像

(b)灰度图像

(c) 2×2 尺度描述子处理后的图像

(d) 8×8 尺度描述子处理后的图像

图 6.6   尺度描述子作用示例图